『计算机实用技能丛书』

Excel
数据处理与分析

云飞◎编著

中国商业出版社

图书在版编目（CIP）数据

Excel数据处理与分析 / 云飞编著. -- 北京 : 中国商业出版社，2021.3

（计算机实用技能丛书）

ISBN 978-7-5208-1526-0

Ⅰ．①E… Ⅱ．①云… Ⅲ．①表处理软件 Ⅳ．①TP391.13

中国版本图书馆CIP数据核字(2020)第259705号

责任编辑：管明林

中国商业出版社出版发行

010-63180647　www.c-cbook.com

（100053　北京广安门内报国寺1号）

新华书店经销

三河市冀华印务有限公司印刷

*

710毫米×1000毫米　16开　12印张　240千字

2021年3月第1版　2021年3月第1次印刷

定价：49.80元

* * * *

（如有印装质量问题可更换）

前 言

Microsoft Office 是由 Microsoft（微软）公司开发的一套基于 Windows 操作系统的办公软件套装。常用组件有 Word、Excel、PowerPoint 等。从使用 Office 97 到 Excel 2019，我们的日常办公已经离不开 Office 的帮助。

Excel 2019 官方版是办公软件 Office 的组件之一，是 Office 办公套装软件的一个重要的组成部分，它可以进行各种数据的处理、统计分析和辅助决策操作，广泛地应用于管理、统计财经、金融等众多领域；主要用来进行有繁重计算任务的预算、财务、数据汇总等工作。

在工作方面的应用：进行数据分析和预测，完成复杂的数据运算，等等。

在生活方面的应用：个人收入、支出、生活预算记录，家庭日历，血压测量记录，等等。

Excel 2019 在拥有更加人性化的功能同时，保留了以前版本的经典功能，它同时能更好地格式化、分析以及呈现出数据等。

本书将帮助读者快速掌握使用 Excel 进行数据处理及分析的技能和技巧。

本书特色

1. 从零开始，循序渐进

本书以通俗易懂的讲解方式由浅入深、循序渐进地帮助初学者快速掌握计算机的各种操作技能。

2. 内容全面

本书内容基本涵盖了使用 Excel 进行数据处理及分析的方方面面的技能和技巧。

3. 理论为辅，实操为主

本书注重基础知识与实例紧密结合，偏重实际操作能力的培养，以便帮助读者加深对基础知识的领悟，并快速获得 Excel 的各种操作技能和技巧。

4. 通俗易懂，图文并茂

本书文字讲解与图片说明一一对应，以图析文，将所讲解的知识点清楚地反映在对应的插图上，一看就懂，一学就会。

本书将帮助读者快速成长为使用 Excel 进行数据处理和分析的专家，提高工作效率，提升职场竞争力。

本书内容

本书科学合理地安排了各个章节的内容，结构如下：

第 1 章：讲解在 Excel 中进行数据输入、编辑及工作簿和工作表的应用与技巧，帮助读者全面提升 Excel 数据处理的能力。

第 2 章：为读者介绍大量关于 Excel 公式与函数的应用与技巧，以帮助读者方便灵活地运用各种函数进行统计运算工作。

第 3 章：为读者介绍 Excel 图表的各种应用与技巧。

第 4 章：为读者讲解数据筛选、排序与数据透视表和透视图的应用。

第 5 章：讲解使用 Excel 进行薪酬管理系统工作簿的制作，并进一步学习有关函数的应用、数据名称的定义方法、数据分类汇总功能和数据透视表、透视图功能的基本操作方法等。

第 6 章：讲解利用 Excel 进行固定资产卡片制作，并从中学习掌握 Excel 数据有效性定义、有关函数的应用、筛选功能等。

第 7 章：讲解如何使用 Excel 进行企业流动资产管理的方法和技巧。

读者对象

急需提高工作效率的职场新手；

加班效率低、日常工作和 Excel 为伴的行政人事人员；

渴望升职加薪的职场老手；

各类文案策划人员；

靠 Excel 分析归纳与管理数据的销售人员和财务人员。

致谢

本书由北京九洲京典文化总策划，云飞等编著。在此向所有参与本书编创工作的人员表示由衷的感谢，更要感谢购买本书的读者，您的支持是我们最大的动力，我们将不断努力，为您奉献更多、更优秀的作品！

云飞

目　录

第 3 章　图表的应用

第 7 章　企业流动资产管理

第 1 章

数据输入与编辑

本章导读

　　本章为读者讲解在 Excel 中进行数据输入、编辑及工作簿和工作表的应用与技巧，帮助读者全面提升 Excel 数据处理的能力。

1.1 数据输入

1.1.1 输入数据的一般方法

下面介绍单元格数据输入的一般方法与技巧。

·在 Excel 的整张表格中，列单元格用数字 1、2、3 递增，行单元格用英文字母 A、B、C 递增，所以，当选中第 1 列第 1 行的单元格时，该单元格就以 A1 来表示，因而 A1 就表示要输入数据的单元格，选取单元格后，其中显示名称 A1 的地方，就称为名称框，在名称框显示当前选中的单元格的引用名称。

·在名称框的右边，也有一个很长的框，在该框中可以输入数据，输入数据后，也可以在此进行编辑，该框称为编辑栏。选中一个单元格后，既可以直接输入数据，也可以在编辑栏中输入数据，在编辑栏中输入数据时，该选中的单元格中会出现相应的数值或文字，同样，当在单元格中输入数据后，编辑栏中也显示相应的数值或文字，如图 1-1 所示。

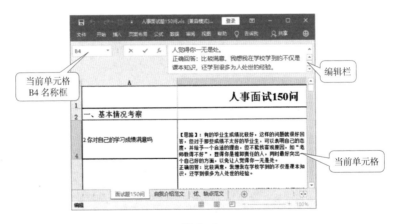

图 1-1

·用鼠标双击要输入数据的单元格，此时光标定位在该单元格中，就可以在该单元格中输入数据了，在输入数据的过程中，状态栏显示目前处于【编辑】状态，同时在编辑栏中也显示目前选中的单元格中的数据。

·输入过程中如果发现输入错误，可以按 BackSpace 键删除插入点的前一个字符，或按 Delete 键删除插入点的后一个字符，也可以按方向键移动插入点。

·输入没有结束时，不要按键盘上的 Tab 键移动，如果按 Tab 键，状态栏中就会回到就绪状态，Excel 会认为该单元格的数据输入完毕，从而转到下一个单元格准备输入的状态。

此外，输入数据后有以下几种方法确认输入：

・按 Enter 键：数据输入，并回到就绪状态，并且仍然选中刚刚输入数据的单元格。

・按 Tab 键：数据输入，并回到就绪状态，并且选中输入数据的单元格右侧相邻的单元格，例如，刚刚输入数据的单元格为 B5，按 Tab 键后，会选中 C4 单元格。

・【输入】按钮✔：单击编辑栏上的

【输入】按钮✔，完成数据输入，并回到就绪状态，并且仍然选中刚刚输入数据的单元格。

・【取消】按钮✖：单击编辑栏上的取消按钮✖，取消数据的输入。

・用鼠标单击该单元格以外的其他单元格，就会选中鼠标所单击的单元格。

1.1.2　自动完成数据输入

输入数据时，Excel 还提供了很多可以快速输入数据的方法，如，序列填充、公式计算等，如果在输入数据时，熟练使用各种技巧，会达到事半功倍的效果。

当一列单元格中只有几种特定的数据，或者一行中连续几个单元格都是相同的数据，这种情况下，Excel 会自动完成一部分的输入。例如，以"寰宇养生堂订单 150807.xlsx"为例，如果表格中几个单元格的数据相同，也可以实现自动输入，现在选中下一单元格，要在其中输入数据，如图 1-2 所示。

当在其中输入"有机大米"字后，就会自动出现"科尔沁沙地"文本，并且处于选中状态，这是因为 Excel 在该列中自动检测到想输入的数据，并猜测要输入的可能与上一单格的数据相同，如图 1-3 所示。

图 1-2

图 1-3

这时按下 Enter 键，就可以完成输入。如果 Excel 猜测得不对，那么，继续输入后面的数据即可。

> **提示：** 同样，在一列单元格中，如果已输入 A 等、B 等、C 等，或者是甲等、乙等、丙等时，或一年、二年等时，也会自动识别到后面一个文字。但是自动完成输入只适用于文本数据，而对于数字数据就无能为力了。

1.1.3 自动填充数据

如果连续一片单元格需要输入相同的数据，也可以使用自动填充的方法。

在"寰宇养生堂订单150807.xlsx"中，如果在一列或者一行单元格中均要输入"西安"，那么首先在其中一个单元格输入"西安"，然后选中该单元格，将光标移到该单元格右下角的填充控制点上，光标变成十字形状，按住鼠标往下拖动，拖动到要结束这列相同数据输入时停止，就得到了相同的一列数据，如图1-4所示。

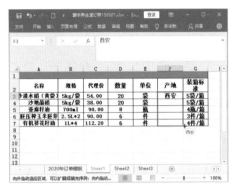 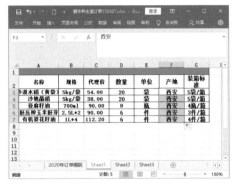

图 1-4

> **提示：** 不仅向下拖动可以得到相同的一列数据，向右方拖动也可以得到相同的一行数据，如果选择的是多行列后，同时向右或者向下拖动，则会同时得到多行多列的相同数据。

1.1.4 按序列输入数据

在 Excel 中，可以建立的序列有：

· 等差序列：例如，1、3、5、7、9…
· 等比序列：例如，2、4、8、16…
· 日期：例如，2020/3/8、2020/3/9、2020/3/10、2020/3/11、2020/3/12…
· 自动填充：属于不可计算的文本数据，例如，一月、二月、三月….星期一、星期二、星期三等，Excel 将这些类型文本建成数据库，可以让其进行自动填充式输入。

1. 等差序列填充式输入

工作表中的某列数据属于等差序列，因此就可以省去很多工作量了。

例如，在 A1、A2 单元格分别输入 1001 号、1002 号，操作方法：

（1）同时选中 A1、A2，并将鼠标移到填充控制点处，此时光标变成**＋**状。

（2）按下鼠标左键并拖动到相应的单元格，在拖动的过程中，光标的右下角会显示此时光标所指单元格要填入的数据。

（3）释放鼠标，就会得到等差序列的填充结果，其过程如图 1-5 所示。

> **提示：** 等差序列的公差可以不是 1，Excel 会根据选中的前两个单元格之间的差值来建立等差序列，如前两个单元格之间的差值为 2，则按同样的方法得到的填充结果，其前后两个单元格之间的差值也为 2。

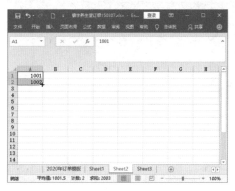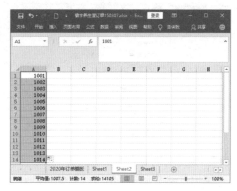

图 1-5

2. 等比序列输入

等比序列输入数据的方法与等差序列填充式输入类似。

操作方法：

（1）先在 A1 单元格输入数值，如输入 1，然后选中要进行填充的单元格，在这里选择 A1:A14，如图 1-6 所示。

（2）选择【开始】菜单选项卡，单击【编辑】段落中的【填充】按钮，在弹出的下拉菜单中选择【序列】命令，如图 1-7 所示。

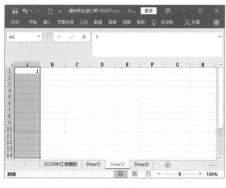

图 1-6   图 1-7

（3）此时打开了【序列】对话框，如图 1-8 所示。

·在【序列产生在】选项组中，选择【列】单选按钮（也可以选择【行】）。

·在【类型】选项组中选择【等比序列】单选框。

·在【步长值】文本框中输入 2。

（4）单击【确定】按钮，关闭对话框，即可得到一组以 2 为基础，步长为 2 的等比序列数值，如图 1-9 所示。

图 1-8　　　　　　　　　　　　　　　　图 1-9

3. 使用自动填充序列输入日期

使用自动填充序列输入日期很简单。

操作方法：

（1）例如在一行单元格中输入"8 月 5 日"，然后选中该单元格，拖动填充控制点到相应的单元格，在拖动过程中，会显示当前所在单元格将填入的数值，如图 1-10 所示。

（2）释放鼠标即可得到一组自动填充的序列数据。

（3）使用同样的方法，也可以建立不同的序列数据，如图 1-11 所示。

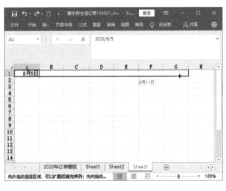

图 1-10　　　　　　　　　　　　　　　　图 1-11

1.1.5　输入多种格式的日期和时间

在 Excel 中，日期和时间属于数字型数据，可进行多种计算，也可以使用多种输入方法。

操作方法：

（1）可以使用正斜杠【/】和连字符【–】来分隔日期的不同部分。比如要输入 2020

年 10 月 1 日可是在单元格中输入 10/1/2020 或者 1-Oct-2020。

（2）可以使用英文的冒号：来分隔时间的不同部分。比如 10:30a、12:12p 或者 23:20 等。系统默认是 am，因此如果输入 2:00 则实际表示为 2:00a。

（3）系统默认的日期和时间对齐格式是右对齐，如果出现左对齐，则肯定是输入的日期格式不正确。

1.1.6　快速输入日期

在 Excel 中有一个【自动识别】功能，该功能可以快速将输入的数据识别为日期格式。

操作方法：

（1）选中想要改变成日期格式的单元格，然后单击【开始】|【单元格】|【格式】|【设置单元格格式】菜单命令。

（2）在弹出的【设置单元格格式】对话框中选择【数字】选项卡，然后在【分类】列表框中选中【日期】选项，在右边的类型中选择【3月14日】选项，如图 1-12 所示。还可以在【区域设置】下拉列表中选择是按哪个国家的日期来显示。

（3）单击【确定】按钮即可。

这样，在选中的单元格中输入 3-1、3-2 等数据，按回车键后就会自动变成 3 月 1 日、3 月 2 日等形式。

图 1-12

> 提示：没有选中的单元格将不具备这样的功能。

1.1.7　自动选择输入法

用户肯定有这样的感觉：在 Excel 单元格中输入数据时，不停地切换输入法会大大影响输入速度。那么如何在定位到某个单元格时，系统就会自动切换到预先设置的输入法呢？

操作方法：

（1）选中需要使用某种输入法的单元格或区域，然后将该输入法激活。

（2）单击【数据】|【数据工具】|【数据验证】，在弹出的【数据验证】对话框中单击【输入法模式】选项卡，在【输入法】|【模式】下拉列表中选中【打开】项，如图 1-13 所示。

图 1-13

（3）单击【确定】按钮，结束操作。

这时，如果选中已设置输入法的单元格或区域，系统都会自动切换到该输入法。

1.1.8 自动将输入的整数改变为小数

用户可能会遇到这样的情况：当前工作表中需要输入的数值全是小数位，而且输入的数据有很多。此时如果直接进行输入，每次都要键入零和小数点，这大大增加了操作量，错误的概率也会增加。如果直接输入数值，系统能自动转化到小数，那就好了。Excel 为我们提供了此功能。

操作方法：

（1）执行【文件】|【更多】|【选项】命令。

（2）在弹出的【Excel 选项】左侧列表中选择【高级】选项卡，然后选中【自动插入小数点】复选框，在【位数】框中设置小数位，比如设置为【2】，如图 1-14 所示。

（3）单击【确定】按钮，结束操作。

这样，如果我们在单元格中输入【12】后按回车键，单元格中将会自动把数据

变为【0.12】。

图 1-14

如果想对其他的工作表进行操作，就需要取消【自动插入小数点】复选框。因为当设置后，它会将输入的整数都识别为小数形式。

1.1.9 导入文本文件

有时用户会有一些以纯文本格式储存的文件，如果将这些数据制作成 Excel 的工作表，需要重新输入数据，就会非常麻烦。如果将数据一个个进行【复制】和【粘贴】，也要花去很多时间。这时可以使用 Excel 的导入文本文件功能。

操作方法：

（1）单击【数据】菜单选项卡中【获取和转换数据】段落中的【从文本/CSV】按钮，然后在出现的【导入数据】对话框中选择要导入的文本文件，如图 1-15 所示。

（2）单击【导入】按钮后，出现如图 1-16 所示对话框。

（3）此时可以看到预览显示的内容为乱码，单击【文件原始格式】右下角的向下箭头，在打开的列表中选择【无】，此时显示恢复正常，如图 1-17 所示。

图 1-15

图 1-16　　　　　　　　　　　　　　图 1-17

必须在原始数据类型框中选择文本文件中文字的编辑方式：分隔符号是以逗号或 Tab
键来区分文字，固定宽度则是以标尺设定的距离来区分。

（4）选择好之后，单击【加载】按钮，从下拉列表中选择【加载到】选项，按照如
图 1-18 所示对话框进行设置。

（5）单击【确定】按钮，系统就会自动创建一个工作表，如图 1-19 所示。

图 1-18　　　　　　　　　　　　　　图 1-19

1.1.10　在单元格中输入多行文本

默认情况下，Excel 中一个单元格只显示一行文本，却不考虑文本的长度是否超出了
单元格的宽度。这样会使得右边的数据被长文本所遮掩。而如果直接按回车键，默认情
况下只是将输入框自动移动到下一个单元格中，并没有所期望的那样在同一单元格中换
行。用户希望当输入文本到达单元格的右边界时，能自动换行。那么怎样设置才能达到
这种要求呢？

操作方法：

（1）选定要输入多行文本的单元格。

（2）选择【开始】菜单选项卡，单击【对齐方式】段落中的【自动换行】按钮即可。

这样，当输入的文本到达单元格的右边界时，就自动换行，同时单元格的高度也随
之增加。

1.1.11　快速地在不连续单元格中输入同一数据

频繁地在不同单元格中输入同一个数据是个不明智的选择，如果能够一次性在多个单元格中输入这个数据，就方便快速得多了。

操作方法：

（1）用 Ctrl 键分别选取所有需要输入相同数据的单元格。

（2）然后松开 Ctrl 键，在【编辑栏】中输入数据，比如数据 2。

（3）按住 Ctrl 键的同时按下回车键。这时所有选中的单元格中都会出现这个数据，如图 1-20 所示。

图 1-20

1.1.12　在单元格内输入分数

要在 Excel 工作表的某个单元格内输入分数，如 1/3，可以先键入 0，再键入一个空格，然后键入 1/3，其他类似。

1.1.13　创建下拉菜单来输入数据

有时候希望创建的工作表的某些单元格只能输入事先设定好的数据，而不能随意地输入其他数据，应该如何做呢？可以利用【数据验证】功能来进行操作。

操作方法：

（1）选中需要创建下拉列表的单元格或某个单元格区域。

（2）单击菜单命令【数据】|【数据工具】|【数据验证】，在弹出的【数据验证】对话框中选择【设置】标签。

（3）在【允许】下拉列表中选中【序列】选项，在【来源】框中单击右边框上的小图标，弹出一个新的窗口。

（4）在新的窗口框中，输入要输入的数据，比如输入【中专, 高中, 大专, 本科, 硕士, 博士】等。这里键入的内容之间必须用英文逗号隔开。

（5）单击右边框的小图标回到上一个界面中，选中【提供下拉箭头】复选框，然后单击【确定】按钮即可。

这时所选中的单元格或某个单元格区域就会出现下拉列表框，如图 1-21 所示。

图 1-21

1.1.14　消除缩位后的计算误差

在单元格中，很多时候要输入小数。而当小数位数达到两位以上，而实际精度却只要求一位时，计算结果就会产生误差。那么如何解决这个问题呢？

操作方法：

（1）单击菜单命令【文件】|【更多】|【选项】|【高级】。

（2）在【计算此工作簿时】栏选中【将精度设为所显示的精度】复选框，在弹出的提示对话框中单击【确定】按钮，如图 1-22 所示。

（3）单击【确定】按钮关闭【Excel 选项】对话框，结束操作。

图 1-22

1.1.15　使用【粘贴】选项来快速复制网页上的数据

可以从网页上复制数据到工作表中，这样可以加快数据的输入速度。

操作方法：

（1）在 Web 网页上选择要复制的数据，然后单击菜单命令【编辑】|【复制】。

（2）切换到 Excel 中，单击要显示复制数据的工作表区域的左上角，然后单击【开始】|【剪贴板】|【粘贴】菜单命令。

（3）如果网页上的数据格式显示不正确，可以单击下列操作之一：

·【保持源格式】：不做任何更改。

·【匹配目标格式】：匹配原有单元格格式。

·【创建可刷新的 Web 查询】：可以创建复制的网页的查询，也可刷新网页稍后要更改的数据。

1.1.16　固定活动单元格

操作方法：

（1）选中某一单元格后，按住 Ctrl 键，用鼠标再次单击这个单元格。

（2）在出现的实线框中输入数据后，按键盘上的 Enter 键，活动单元格不会发生移动，仍静止在原处。这对于需要反复输入数据进行运算的情况非常有用。

1.1.17　快速为汉字加上拼音

操作方法：

（1）选中已输入汉字的单元格，然后单击菜单命令【开始】|【字体】|【显示或隐藏拼音字段】|【显示拼音字段】，单元格会自动变高。

（2）单击【开始】|【字体】|【显示或隐藏拼音字段】|【编辑拼音】菜单命令，在汉字上方输入拼音。

（3）单击【开始】|【字体】|【显示或隐藏拼音字段】|【显示拼音】菜单命令。

如果想修改汉字与拼音的对齐关系，可以使用【开始】|【字体】|【显示或隐藏拼音字段】|【设置拼音】命令。

1.1.18　快速输入特殊货币符号

操作方法：

（1）选中工作表中的某个单元格，按 Num Lock 键打开数字小键盘。

（2）按住 Alt 键，用数字小键盘输入 0162 后按 Enter 键，可得分币符号；输入 0163 后按 Enter 键，可得英镑符号；输入 0165 后按 Enter 键，可得日元符号；输入 0128 可得欧元符号。

1.1.19　快速定位到指定的单元格

可以使用键盘快捷键来快速定位到指定的单元格，方法有 3 种。

方法 1：按 F5 键，在弹出的【定位】对话框中的【引用位置】中输入欲跳到的单元格地址，然后单击【确定】按钮即可，如图 1-23 所示。

方法 2：使用组合键来打开【定位】对话框，如 Ctrl+G 组合键，也同样有上面的效果。

方法 3：单击【编辑栏】左上角的单元格名称框，在框中输入单元格地址即可。

图 1-23

1.1.20　使用记录单快速录入数据

Excel 记录是一个强大的功能，可以快速记录数据、查找数据、核对数据、修改和删除数据等。

1. 添加 Excel 记录单

Excel 记录单不是默认在菜单栏上，要把它添加到【开始】选项菜单中才能使用。

操作方法：

（1）执行【文件】|【更多】|【选项】命令；

（2）在打开的【Excel 选项】对话框中，单击切换到【自定义功能区】选项卡，在【从下列位置选择命令】下拉列表中选择【所有命令】，如图 1-24 所示。

（3）单击选择其下拉列表框中的【记录单】，如图 1-25 所示。

图 1-24

图 1-25

（4）单击选中右侧的【主选项卡】下面的【开始】，然后单击【新建组】按钮，如图 1-26 所示。

（5）将【开始】末尾处新出现的【新建组（自定义）】项更名为【记录单（自定义）】，如图 1-27 所示。

图 1-26　　　　　　　　　　　　　　　图 1-27

（6）单击【添加】按钮，最后单击【确定】按钮，关闭【Excel 选项】对话框，如图 1-28 所示。

这样就将记录单添加到了【开始】选项菜单栏中，如图 1-29 所示。

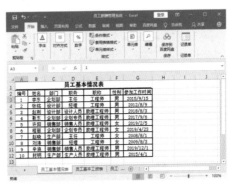

图 1-28　　　　　　　　　　　　　图 1-29

2. 快捷录入数据

打开 Excel 记录单，就可以直接在弹出来的窗口中录入数据，如图 1-30 所示。使用 Tab 键进行下一条内容填充，按下回车键完成填充。

3. 按条件查找数据

在记录单中可以按条件查找数据。

操作方法：

（1）单击图 1-30 中的【条件】按钮，打开如图 1-31 所示对话框。

（2）在左侧输入关键字，然后通过单击【下一条】按钮，就可以查找带有关键字的内容了。比如在"部门"文本框中输入"企划部"，然后单击【下一条】按钮，就可以出现查询结果，如图1-32所示。单击【下一条】按钮可以继续查看查找结果。

图1-30   图1-31   图1-32

4. 修改和删除数据

在记录单上也可以对数据进行修改，还可以单击【删除】按钮删除不需要的数据。

1.1.21 在单元格中快速填充条纹

可以给工作表中的一些单元格添加条纹来美化工作表。

操作方法：

（1）在需要填充的单元格中键入"~"或"*"，然后单击该单元格，用鼠标进行拖动来选择所有需要填充的单元格，如图1-33所示。

图1-33

（2）使用Ctrl+1（数字）快捷键打开【设置单元格格式】对话框，单击【对齐】选项卡，在【水平对齐】下拉列表中选择【填充】选项，如图1-34所示。

（3）单击【确定】按钮即可。这时，所选中的单元格区域将会全部填充所键入的内容，如图1-35所示。

图1-34

图1-35

1.1.22 复制填充

使用此法可将一块数据区域复制到工作表中的任意位置。

操作方法：

（1）选中需要复制数据的单元格区域，按住 Shift 键后，将鼠标移到数据区域的边界。

（2）按住鼠标左键不放，拖动数据区域向目标位置移动，其间 Excel 会提示数据将被填充的区域，到达指定位置松开鼠标即可。

1.1.23　进行记忆填充

如果同一列的各单元格需要填充文本与数字混合的数据，可采用记忆式键入的方法进行填充。

操作方法：

（1）在已填充单元格的下一单元格中继续输入，只要输入的头几个字符（其中必须含有文本）与已输入的相同，Excel 就会自动完成剩余的部分。

（2）按 Enter 键表示接受，否则继续输入其他内容，修改 Excel 自动填充的部分内容。

如果记忆填充功能失效，只要将【文件】【更多】【选项】【高级】中的【为单元格值启用记忆式键入】选中即可，如图 1-36 所示。

图 1-36

1.1.24　进行快捷填充

可将选中内容以多种方式填充到行或列。

操作方法：

（1）在起始单元格中输入数据的初值，再在其下方或右侧的单元格中输入数据的其他值，然后将它们选中。

（2）将鼠标移至已选中区域右下角的填充柄，当光标变为小黑十字时，按住鼠标右键后，沿行或列拖动。

（3）选中需要填充的单元格区域后，松开鼠标，在出现的如图 1-37 所示的菜单中单击合适的命令即可。

图 1-37

1.1.25　进行重复填充

操作方法：

（1）选中需要使用公式或填充数据的所有单元格。如果某些单元格不相邻，可以按住 Ctrl 键逐个选中。

（2）单击 Excel 的编辑栏，按常规方法在其中输入公式或数据。

（3）输入完毕，按住 Ctrl 键不放，再按键盘上的 Enter 键，公式或数据就会被填充到所有选中的单元格。

1.1.26　自定义填充序列

上面已介绍了自动填充序列的输入，如果用户想定义一些有自己个性格式的填充序列，就可以进行自定义列表。

操作方法：

（1）要定义成为序列的数据，这些数据应该有一定的规律，例如，要在一行（或一列）的单元格输入有规律性的多个数据，然后选中这些单元格，如图1-38所示。

（2）在 Excel 中单击【文件】菜单，单击底部的【更多】按钮，在下拉菜单中选择【选项】命令，如图1-39所示。

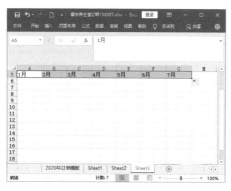

图 1-38　　　　　　　　　　图 1-39

（3）在【Excel 选项】对话框中单击【高级】标签，向下拖动滚动条，找到【常规】分组中的【编辑自定义列表】按钮，如图1-40所示。

（4）单击【编辑自定义列表】按钮，打开【自定义序列】对话框，如图1-41所示。

图 1-40　　　　　　　　　　图 1-41

（5）在【自定义序列】列表框中选中【新序列】项，然后在【输入序列】框中依次输入所需要的序列。每输入一个序列后回车再输入下一个序列。输入完后单击【添加】按钮将输入的新序列添加到序列列表中。由于已经事先选中了要建立序列的单元格，所以只需单击【导入】按钮，然后选中图1-138所示的数据，就可以在该栏中自动填入单元格范围。这时，可以看到所定义的序列会添加到【自定义序列】列表中，如图 1-42 所示。

（6）单击【确定】按钮，返回到【Excel 选项】对话框，再单击【确定】按钮，返回到 Excel 工作界面。

此后就可以像使用其他系统定义的序列一样，输入刚才自定义的序列了。但如果定义的一组序列超出了定义的范围，则再往后的序列数据就会重复出现，如当定义了第一回合到第七回合的序列，那么在使用时，如果是第八志愿，就无法得到了，此时它会重复前面的序列。

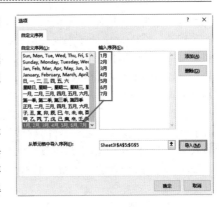

图 1-42

1.1.27　进行其他序列填充

等差、等比序列可以用以下方法填充。

操作方法：

（1）将光标放置在需要填充的行或列的起始位置。

（2）单击【开始】|【编辑】|【填充】|【序列】命令，打开【序列】对话框，如图 1-43 所示。

（3）在出现的对话框中单击【序列产生在】、【类型】等项目，输入【步长值】和【终止值】，最后单击【确定】按钮结束操作。

图 1-43

1.1.28　进行并列内容填充

Excel 工作表内容通常采用鼠标拖动的方法填充。如果待填充列的左侧或右侧有内容，可以采用下面的方法快速填充内容。

操作方法：

（1）在待填充列的第一个单元格内输入内容，然后将这个单元格选中。

（2）移动光标指针到单元格右下角的填充柄上，待空心十字光标变成黑色十字光标后双击鼠标。所选中的内容就会向下填充到左侧或右侧数据列的截止位置。

1.1.29　重复输入上一个单元格内容

操作方法：

在单元格中输入内容后，按下回车键，再按下 Ctrl+D 组合键，可以重复输入上一个单元格内容。

1.1.30　快速输入带部分重复项目的数据

有时输入的数据有部分重复出现，这部分重复出现的内容每次都要输入，浪费时间和精力，其实这个问题可通过单元格的自定义功能轻松解决。

例如，输入身份证号码，一般单位大部分员工的身份证号码的前 6 位数是相同的，如某单位员工的居民身份证号码前 6 位数是 371158，则自定义方法为：

（1）选定要设置格式的单元格，然后单击【开始】|【单元格】|【格式】|【设置单元格格式】菜单命令。

（2）在出现的【设置单元格格式】对话框的【数字】选项卡的【分类】列表中，单击【自定义】，然后任选一种内置格式（一般选择不常用到的格式），在【类型】框中输入"371158"@（一定要在数上加上英文双引号）。

（3）单击【确定】按钮后退出，此后只要输入身份证号码中 371158 后面几位就可以了。

若要重复输入部分汉字，如山东省则直接输入山东省@即可，在山东省三个字上是不需加引号的。

> **提示：** 编辑内置格式时，并不删除该格式，若自定义的格式不再需要，可删除。

1.1.31　快速换算单位

如果要经常使用 Excel 进行报表的汇总工作，单位领导要精确到分的数据，而上报上级部门时，却要求以千元为金额单位。这样，为了让"分"变成"千"就会把用户搞得晕头转向。下面介绍一个省事的好方法。

操作方法：

（1）在工作表中单击某个空白单元格，比如 A7 单元格，输入数字 1000，然后选中 A7 单元格。

（2）单击常用工具栏中的【复制】按钮，然后选择需要精确到千元的单元格域。

（3）单击【开始】|【剪贴板】|【选择性粘贴】菜单命令，然后在打开【选择性粘贴】对话框的【运算】选项下，单击选中【除】复选按钮，最后单击【确定】按钮，如图 1-44 所示。

图 1-44

这样就相当于所选中的单元格中的数据全部除以 1000，现在，Excel 工作表中的数值已变为以千元为单位了，以后就不用再为精确位数的转换而伤脑筋了。

1.1.32　输入等号

当使用 Excel 时，想在一个单元格中只输入一个等号，就会遇到这样的问题：输入完等号后，它认为要编辑公式，如果单击其他单元格，就表示引用了。

这时单击编辑栏前面的【√】号，或者直接按 Enter 键，就可以完成等号的输入。

1.1.33　巧用快捷键任移方向

在使用 Excel 时，当活动单元格中数据输入完毕，按下 Enter 键后，插入点就会移动到其下面的单元格中。如果并不希望插入点下移，而是需要插入点移到相邻的其他单元格，那么下面的快捷键或许能够满足需要：

・Shift+Enter：上移插入点。
・Tab 键：右移插入点。
・Shift+Tab：左移插入点。

1.1.34　让工作表中的 0 值不显示出来

有时，对于某些工作表，很多单元格中的数值会有很多 0。这样不便于编辑其他非零值的单元格。最好先把这些零值的单元格隐藏起来，做完编辑后，再把它们显示出来。

操作方法：

（1）单击【文件】|【更多】|【选项】命令，打开【Excel 选项】对话框。

（2）单击【高级】选项卡，在【在此工作表显示的选项】栏中，取消【在具有零值的单元格中显示零】复选框，如图 1-45 所示。

（3）单击【确定】按钮，结束操作。

然后编辑窗口中的所有零值单元格中的零值将不再显示。

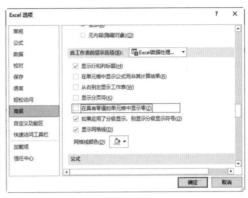

图 1-45

如果想重新显示所有单元格中的零值，可以再将该复选框选中即可。

1.1.35　限定区域输入

可以将 Excel 工作表输入的数据限定在一个区域内。

操作方法：

（1）用鼠标选中要输入数据的区域，单击键盘即可在区域左上角输入数据。

（2）数据输入完毕，按 Tab 键使光标左移，到达区域右边界以后自动折入所选区域的第二行。如果需要光标向右移动，则按键盘上的 Shift+Tab 组合键就可以了。

1.1.36　快速创建垂直标题

很多表格要应用到垂直文本格式。在 Word 中用户很熟悉操作方法。但在 Excel 中一般用户的做法就是使用【自动换行】功能来设置垂直文本，但是这种方法的前提是需要单元格的宽度只能正好包容一个字符。所以，它的应用范围有限制。那么该怎么快速实现这样的操作呢？

操作方法：

（1）选择需要创建垂直文本的单元格及其周围的单元格，选择的范围与标题的跨度相同。

（2）使用 Ctrl+1（数字键）打开【设置单元格格式】对话框，单击选中【对齐】选项卡。

（3）在【方向】下面的文本框中输入 –90，并选中【文本控制】选项下的【合并单元格】复选框，如图 1-46 所示。

（4）单击【确定】按钮，结束操作。

图 1-46

1.1.37 每次选定同一单元格

在 Excel 中，有时为了测试某个公式，需要在某个单元格内反复输入多个测试值。但每次输入一个值后按下 Enter 键查看结果，活动单元格就会移到下一个单元格上，必须用鼠标或上移箭头重新选定原单元格后才能继续操作，极为不便。

如果按键盘上的 Ctrl+Enter 组合键，则问题会立刻迎刃而解，不但能查看结果，而且当前单元格仍为活动单元格。

1.1.38 将大量数值转化为负数

在使用 Excel 中有一个非常实用的技巧，就是通过使用【选择性粘贴】功能来实现将大量的数字快速转变为取负形式。

操作方法：

（1）在当前单元格中输入 –1，如果要改变数据的大小，则可以输入相应的数。

（2）选中该单元格，然后单击【开始】|【剪贴板】|【复制】菜单命令或直接按键盘上的 Ctrl+C 组合键。

（3）右击目标单元格，在弹出菜单中单击【选择性粘贴】命令，在弹出的对话框中选中【粘贴】栏下的【数值】和【运算】栏下的【乘】复选项，如图 1-47 所示。

（4）单击【确定】按钮，结束操作。

图 1-47

1.1.39 改变 Enter 键的功能

一般情况下，在单元格中输入数据以后，按下回车键后，光标的移动方向是下一行的同列单元格中。有时为了输入方便或者习惯问题，想使得按回车键后能转到右边的单元格中，该怎么办呢？

操作方法：

（1）单击【文件】|【更多】|【选项】菜单命令，在打开的【Excel选项】对话框中单击【高级】选项卡。

（2）在对话框右侧的【编辑选项】栏中，选中【按Enter键后移动】复选框，系统默认情况下是选中的。

（3）在【方向】列表框中选中所改变回车键的方向，如向下、向上、向左、向右，这里选择向右，如图1-48所示。

（4）单击【确定】按钮，结束操作。

图 1-48

1.1.40　轻松选中超链接单元格

如果在Excel的单元格中存放的是超链接，就不能采用直接单击的方法选中，否则会打开超链接目标。此时可以采用以下两种方法。

方法1：单击单元格以后按住鼠标左键，直到光标变为空心十字后松开左键，就可选中这个含有超链接的单元格。

方法2：先选中超链接单元格中超链接单元格周围的某个单元格，然后用→、←、↑、↓将光标移到含有超链接的单元格中，也可以将其选中。

1.1.41　快速选中整个有数据的单元格

如果要选择整个工作表并不难，但如果要排除掉那些没有数据的空白单元格就显得比较困难了。那么怎样才能快速做到选择非空白的单元格呢？

操作方法：

将光标移到正在编辑的单元格，然后同时按下键盘上的 Ctrl+Shift+* 组合键即可。

如果正在编辑的单元格中只有一列或者一行数据，那么只选中该列或该行，周围的空白单元格将不会被选中。

1.1.42　快速选中特定区域

操作方法：

按F5键可以快速选中特定的单元格区域。比如，要选中 A2：B10 区域，最为快捷的方法为：按F5键，在打开的【定位】对话框的【引用】栏内输入【A2：B10】即可。

1.1.43　自动实现输入法中英文转换

在不同行不同列之间分别输入中文和英文时，可以用 Excel 自动实现输入法在中英文间转换。

假设在 A 列输入学生的中文名，在 B 列输入学生的英文名。

操作方法：

（1）选定 B 列，单击【数据】|【数据工具】|【数据验证】。

（2）在出现的【数据验证】对话框中单击切换到【输入法模式】选项卡，在【模式】下拉菜单中选择【关闭（英文模式）】项，如图 1-49 所示。

（3）单击【确定】按钮，结束操作。

图 1-49

1.1.44　在数值前加 0 并能计算

如果在【设置单元格格式】设置框中，将数字格式设置为文本时，可以在单元格中输入前面有 0 的数字，但这样输入的数字不能进行计算。那么怎样才能输入以 0 开头的能计算的数值呢？

操作方法：

（1）选中单元格，单击【开始】|【单元格】|【格式】|【设置单元格格式】。

（2）在出现的对话框中单击【数字】选项卡，在左边的【分类】中选择【自定义选项】，在右边的【类型】中选择【0】，这时【类型】编辑栏中出现 0。根据需要，在单元格中设置要输入的数字的位数，如为 00005=5 位，则在编辑栏中输入 5 个 0。

（3）单击【确定】按钮后，在单元格中就可以输入前面有 0 并可以计算的数字了。

> **提示：** 这种方式最多只能输入 15 位有效数值。

1.1.45　合并矩形区域

Excel 允许将矩形区域内的任意单元格合并，具体操作方法是：选中要合并的单元格，单击【开始】菜单选项卡中的【对齐方式】段落中的【合并后居中】按钮。则所有选中的单元格被合并为一个，而其中的数据则被放到单元格中间。

> **提示：** Excel 只把合并区域左上角的数据放入合并后的单元格中。为此，输入标题之类的文本不能继续分布在几个单元格中，否则就会在合并过程中被裁去一部分数据。

1.1.46 利用 F4 键快速切换相对引用与绝对引用

在 Excel 中输入公式时，只要正确使用 F4 键，就能简单地对单元格的相对引用和绝对引用进行切换。

现举例说明：对于某单元格所输入的公式为：=SUM（B4：B8）。

操作方法：

（1）选中整个公式，按下 F4 键，该公式内容变为：=SUM$B$4：b8，表示对横、纵行单元格均进行绝对引用。

（2）再次按下 F4 键，公式内容又变为：=SUM（B$：B$8），表示对横行进行绝对引用，对纵行进行相对引用。

（3）第 3 次按下 F4 键，公式则变为：=SUM（$4：$8），表示对横行进行相对引用，对纵行进行绝对引用。

（4）第 4 次按下 F4 键，公式变回到初始状态：=SUM（B4：B8），即对横行和纵行的单元格均进行相对引用。

需要说明的是，F4 键的切换功能只对所选中的公式段有作用。

1.1.47 使单元格中的文本强制换行

要想随心所欲控制换行，还需利用【强制换行】。

在输入文本的过程中，在换行处按下 Alt+Enter 组合键，就能强制换行。

1.2 数据编辑

1.2.1 快速选定编辑范围

在针对单元格、行、列以及整个工作表进行编辑之前，首先应该选定要编辑的内容。下面是一些常用的选择方法（仍以"寰宇养生堂订单 150807.xlsx"为例）。

· 若需要编辑的内容是单元格，可以单击该单元格，使它成为活动单元格。

· 若要编辑的内容是一行或一列时可以单击行号或列标来选定一行或一列。

· 若要选定整张工作表时，可以单击第 A 列左侧的空框，就可以选定整张工作表。

· 若要选定指定的连续的单元格，可以将光标置于要选择范围的第一个单元格上。按住鼠标左键不放，拖动鼠标来选择需要的单元格，然后松开鼠标。

· 若要选择不连续的单元格，可以按住 Ctrl 键不放，再按上述步骤选择相应的单元格范围即可选定不连续的单元格。

· 若要选取整列，只要将光标移到该列的列标处，当光标变成向下的箭头形状时，单击鼠标，就可以选取该列，如图 1-50 所示。同样要选取整行，只要将光标移到该行的行号处，当光标变成向右的箭头形状时，单击鼠标，就可以选取该行。

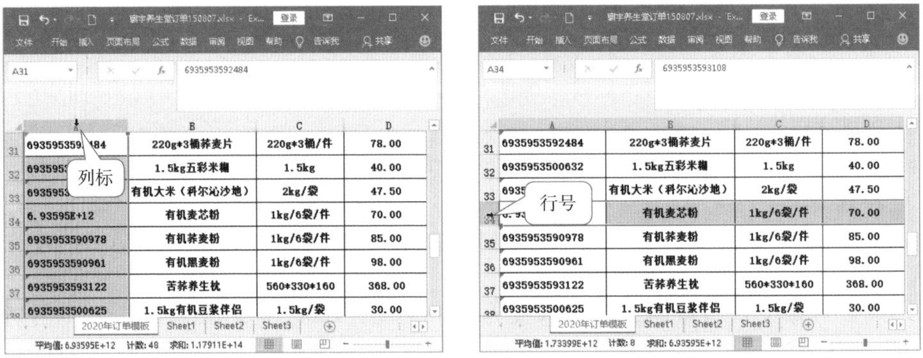

图 1-50

·若要选取整个工作表，只需单击表格行与列的交界处即可，如图 1-51 所示。

图 1-51

1.2.2 修改数据

1. 直接替换数据

单击选中要修改的单元格，输入新内容，就会替换原单元格中的内容。

2. 修改单元格中的部分内容

操作方法：

（1）打开"员工薪酬管理系统.xlsx"，切换到【员工基本情况】工作表。

（2）双击单元格，单元格变为录入状态，光标成 I 形，表示文字插入的位置，如图 1-52 所示。

（3）在要修改的文字上拖动鼠标选中要修改的文字，然后输入新的内容。

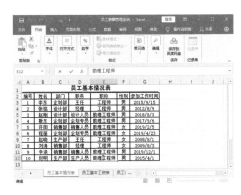

图 1-52

1.2.3　移动单元格

若需要使用鼠标移动单元格，可以在选定需要复制的单元格后，用鼠标指向该单元格，当光标变成斜向箭头，按住 Shift 键不放，然后按住鼠标左键，并将选定区域拖动到目标位置，松开鼠标和 Shift 键即可。

此外，也可以使用剪切功能移动单元格。其实剪切也是复制的一种特殊形式，剪贴后粘贴就是移动。

操作方法：

（1）选择要移动的单元格。

（2）按快捷键 Ctrl+X。

（3）快捷键 Ctrl+V 即可。

1.2.4　复制并粘贴单元格

当需要将工作表中的单元格复制到其他工作簿中时，可以使用【开始】菜单选项卡中的【剪贴板】段落来完成复制工作。

操作方法：

（1）打开"寰宇养生堂订单 150807.xlsx"工作簿，单击切换到【Sheet 1】表格中，单击选中 A7 行，如图 1–53 所示。

（2）单击【剪贴板】段落中的【复制】按钮 （或按 Ctrl+C）。

（3）选中粘贴区域左上角的单元格，在这里选择 A8 单元格。

（4）单击【剪贴板】段落中的【粘贴】按钮 （或按 Ctrl+V）即可，此时表格如图 1–54 所示。

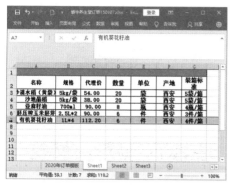
　　　　图 1–53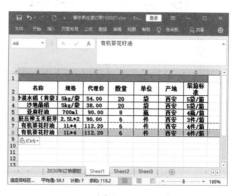
　　　　　　　　　　图 1–54

同样，也可以选定需要被复制的单元格。方法是用鼠标单击该单元格，并向右下角移动光标，当光标变成 形状后，按住 Ctrl 键不放，将选定区域拖动到目标位置，松开鼠标和 Ctrl 键，即可进行复制，如图 1–55 所示。

25

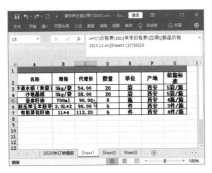 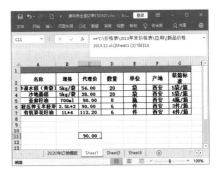

图 1-55

1.2.5 复制并粘贴指定格式

操作方法：

（1）选定需要复制的单元格区域，如图 1-56 所示。

（2）按 Ctrl+C 快捷键进行复制。

（3）选定粘贴区域的左上角单元格。

（4）选择【开始】菜单选项卡，单击【剪贴板】段落中的【粘贴】按钮，在下拉菜单中选择【选择性粘贴】命令，如图 1-57 所示。

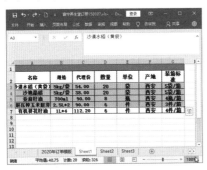

图 1-56

图 1-57

（5）在打开的【选择性粘贴】对话框中，选择【转置】复选框，如图 1-58 所示。

（6）单击【确定】按钮，即可把单元格中的行与列互换，效果如图 1-59 所示。

图 1-58

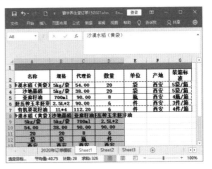

图 1-59

1.2.6　快速选中单元格、区域、行或列

操作方法：

（1）用鼠标单击某个单元格，可以将该单元格选中。

（2）单击待选区域的第一个单元格，然后拖动鼠标至最后一个单元格，可以将两者之间的区域选中。

（3）单击工作表的全选按钮，可以将当前工作表选中。

（4）按住 Ctrl 键不放，单击或使用鼠标拖动，可以选中不相邻的多个单元格或区域。

（5）选中某区域的第一个单元格，按住 Shift 键，然后单击区域对角的单元格，可以将两者之间的矩形区域选中。

（6）单击行号可将对应的整行选中，单击列标可将对应的整列选中。

（7）沿行号或列标拖动鼠标，或者先选中第一行或第一列，按住 Shift 键不放，再选中结束行或列，就可以选中相邻的多个行或列。

1.2.7　快速清除单元格内容

清除单元格中的内容是指清除单元格中的公式、数据、样式等信息，而留下空白的单元格，同时保留其他单元格中的信息。

清除操作的方法是选中需要清除的单元格或单元格区域，按键盘上的 Delete 键即可；也可通过单击鼠标右键，在弹出菜单中选择【清除内容】命令来实现。

1.2.8　删除单元格、行或列

删除单元格是指将选定的单元格从工作表中删除，并用周围的其他单元格来填补留下的空白。它与清除单元格内容是两个不相同的概念。

操作方法：

（1）选定需要删除的单元格、行或列。

（2）使用鼠标右键单击选定内容，在弹出菜单中选择【删除】命令，弹出【删除】对话框，如图 1–60 所示。

（3）在对话框中选择相应的选项，

图 1–60

单击【确定】按钮，即可删除相应的单元格。

·右侧单元格左移：所选单元格被删除，在其右侧所有单元格向左移动一个单元格的位置。

·下方单元格上移：所选单元格被删除，在所选单元格下方的所有单元格向上移动一个单元格的位置。

·整行：删除所选行或所选单元格所在行，其下方所在行自动上移一行的位置。

·整列：删除所选列或所选单元格所在列，其右侧之后的所有列向左移动一列的位置。

1.2.9　插入单元格、行或列

所谓插入单元格就是指在原来的位置插入新的单元格，而原位置的单元格将顺延到其后的位置上。

操作方法：

（1）选定需要插入单元格、行或列的位置。

（2）使用鼠标右键单击选定的单元格，在弹出菜单中选择【插入】命令，此时将弹出如图1-61所示的【插入】对话框。

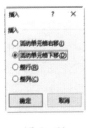

图1-61

（3）选择相应的单选按钮，然后单击【确定】按钮，即可。

·活动单元格右移：在所选单元格右侧插入一个单元格，其后的所有单元格向右移动一个单元格的位置。

·活动单元格下移：在所选单元格下方插入一个单元格，其后的所有单元格向下移动一个单元格的位置。

·整行：在所选单元格或行的上方插入一个空行。

·整列：在所选单元格或列的左侧插入一个空列。

1.2.10 显示或隐藏行和列

在编辑完一张 Excel 工作表后，有时想暂时隐藏一些行或者列，但又不能从工作表中删除，该怎么操作呢？

操作方法：

假如不想打印的是 C 列，向左拖曳 C 列标的边界，当越过 B 列的右边界时，松开鼠标，则 C 列就被隐藏起来了。如果要重新显示 C 列，可将鼠标指向 B 列右边界，当指针变为中间一条黑线和左右向的双箭头时，稍微向右移动鼠标即可显示 C 列。

1.2.11 撤销与恢复操作

在编辑过程中，如果操作失误，可以撤销这些错误操作，撤销掉的操作，还可以再恢复它们。在 Excel 中，能够把执行的所有操作都记录下来。用户可以撤销掉先前的任何操作，撤销操作只能从最近一步操作开始。

1. 撤销操作

操作方法：

·单击快速访问工具栏中【撤销】按钮 。

·按 Ctrl+Z 键。

·如果撤销最近的多步操作，可以单击【撤销】按钮 右侧的向下三角按钮，在下拉列表中，选择要撤销掉的操作，如图1-62所示，系统会自动撤销这些操作。

2. 恢复操作

同样，撤销过的操作，在没进行其他操作之前还可以恢复。

操作方法：

·单击快速访问工具栏中【恢复】按钮 。

·按 Ctrl+Y 键。

图1-62

·如果要恢复已撤销的多步操作，可以单击【恢复】按钮  右侧的向下三角按钮，在下拉列表中选择要恢复的操作，如图 1-63 所示，系统会自动恢复这些操作。

图 1-63

1.2.12 查找与替换

【查找】与【替换】是指在指定范围内查找到用户所指定的单个字符或一组字符串，并将其替换成为另一个字符或一组字符串。

首先打开"人事面试题 150 问 .xlsx"工作簿。

1. 查找

在选定了要进行查找的区域之后，就可以进行查找操作了。

操作方法：

（1）选择【开始】菜单选项卡，单击【编辑】段落中的【查找和选择】按钮 ，在弹出的下拉菜单中选择【查找】命令，如图 1-64 所示。弹出【查找和替换】对话框，并处于【查找】选项卡中。

（2）在【查找内容】文本框中，输入所要查找的数据或信息，如图 1-65 所示。单击【选项】按钮，可根据需要设置对话框中的各个选项，如图 1-66 所示，可以在【搜索】列表框中选择【按行】或【按列】进行搜索。另外，还可以在【查找范围】列表框中选择所要查找的信息类型。

图 1-64

图 1-65

（3）单击【查找下一个】按钮，当找到确定的内容后，该单元格将变为活动单元格，如图 1-67 所示。

图 1-66

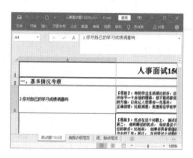

图 1-67

（4）单击【关闭】按钮，关闭【查找】对话框，并且光标会移动到工作表中最后一个符合查找条件的位置。

2. 替换

替换就是将查找到的信息替换为用户指定的信息。

操作方法：

（1）选定要查找数据的区域。

（2）单击【编辑】段落中的【查找和选择】按钮 🔍，在弹出的下拉菜单中选择【替换】命令，打开【查找和替换】对话框，并处于【替换】选项卡中。

（3）单击【选项】按钮（如果已经在【查找】选项卡中单击过该按钮，那么该按钮就不可见，在【查找内容】文本框中输入要查找的信息，在【替换为】文本框中输入要替换成的数据或信息，如图1-68所示。

（4）单击【查找下一个】按钮开始搜索。当找到相应的内容时，该单元格将变为活动单元格，这时可以单击【替换】按钮进行替换，也可以单击【查找下一个】

按钮跳过此次查找的内容并继续进行搜索。

图1-68

（5）单击【全部替换】按钮，可以把所有与【查找内容】相符的单元格内容替换成新内容，并弹出如图1-69所示的对话框，单击【确定】按钮关闭对话框。然后单击【关闭】按钮关闭【查找和替换】对话框。

图1-69

1.2.13 设置字符的格式

默认情况下，单元格中的字体通常为宋体，如果想特别突出某些文字，可以把它们设置为不同的字体，并且可以设置字号，通过字号来突出标题。

1. 使用【字体】段落设置字符格式

粗体和斜体是两种常用的文字样式，粗体文字可以加强对某段文字的强调，对于重要的数据可以使用粗体。如果要改变文字的字体格式，最快的方式是使用【开始】菜单中的【字体】段落，如图1-70所示。

图1-70

操作方法：

（1）选择要改变字体的单元格。

（2）单击【字体】右边的下拉箭头，从弹出的菜单中，选择需要的字体即可。

（3）要改变文字的字号，和设置字体操作方法相同，在【字号】下拉列表框中，选择一个数值即可。

（4）依次单击 **B** **I** **U** 图标按钮，在选中的文字上可以依次应用粗体、斜体和下划线效果。

（5）要想为文字添加一些色彩，可以单击【字体颜色】按钮 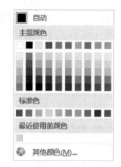，即可以将文字设置成按钮图标中 A 字符下面的横线的颜色；如果不想使用这种颜色，单击按钮右边的下拉箭头，就会弹出一个如图 1–71 所示颜色面板，从中选择相应的颜色即可。

2. 使用对话框设置字体格式

也可以使用【设置单元格格式】对话框设置字体、字号、样式和字体颜色。

操作方法：

（1）选中要设置格式的单元格。

（2）选择【开始】菜单选项卡，单击【字体】段落右下角的【功能扩展】按钮 ，打开【设置单元格格式】对话框，如图 1–72 所示。

（3）在列表框中单击所需的字体、字形和字号等。

（4）最后单击【确定】按钮。

提示：如果要为单元格的某些字符设置格式，而不是为整个单元格中的数据设置格式，那么只要选中单元格中要设置格式的部分数据，然后使用和设置单元格格式同样的方法设置即可。要选中单元格的部分数据，用鼠标左键双击单元格，在单元格中出现光标插入点，按键盘上的 Shift 键，并配合左右方向键，就可以选中文字。

图 1–71

图 1–72

1.2.14　设置小数点后的位数

默认情况下，Excel 中的数字数据在单元格中右对齐，但是数字类型包括很多类型数据，因此就有必要设置小数点后的位数。

操作方法：

方法 1：直接使用【开始】菜单中的【数字】段落中的【数字格式】下拉菜单中的【数字】选项并配合其下方的选项按钮来设置数字格式，如图 1–73 所示。

方法 2：使用【设置单元格格式】对话框中的【数字】选项卡来设置。

如在单元格中的数据表示的是中国的货币（即人民币元）。如果想改成美国货币的表示形式（即美元），使用【设置单元格格式】对话框设置小数点后的位数格式的操作方法：

（1）选中要设置的单元格，选择【开始】菜单选项卡，单击【字体】

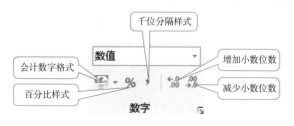

图 1–73

段落右下角的【功能扩展】按钮▫，打开【设置单元格格式】对话框，切换到【数字】选项卡。

（2）在【分类】列表框中选择【货币】：

·在【小数位数】文本框中设置小数点后面的数字位数，这里设置为 0；

·在【货币符号（国家 / 地区）】下拉列表框中选择 $。

如图 1–74 所示。

（3）设置完毕，单击【确定】按钮即可。

图 1–74

1.2.15 设置日期和时间的格式

默认情况下，当用户在 Excel 的单元格中输入一些类似时间的数字时，Excel 就会自动识别日期和时间，如表 1–1 所示。

表 1–1　Excel 默认识别的日期和时间格式

日期格式		时间格式	
输入	识别为	输入	识别为
2024 年 2 月 14 日	2024–1–14	12:05	12:05:00
24 年 2 月 14 日	2024–1–14	12:05AM	12:05AM
24/2/14	2024–1–14	12 时 5 分	12:05:00
2/14	（当前年）2020/2/14	12 时 5 分 15 秒	12:05:15
14–Feb	（当前年）2020/2/14	上午 12 时 5 分	0:05:00

但有的时候，用户不想使用这种默认的日期和时间格式，因此可以随时设置日期和时间的显示方式。

接下来以把 2 月 14 日显示为二〇二〇年二月十四日为例。

操作方法：

（1）选中要设置时间格式的单元格，然后选择【开始】菜单选项卡，单击【字体】段落右下角的【功能扩展】按钮▫，打开【设置单元格格式】对话框，切换到【数字】选项卡。

（2）在【分类】列表框中，选择【日期】，在【类型】下拉列表框中，选择一种时间的表示法，在这里选择【二〇一二年三月十四日】，如图 1–75 所示。

（3）单击【确定】按钮即可按设置的日期进行显示了，如图 1–76 所示。

图 1-75

图 1-76

1.2.16　使用右键菜单设置列宽与行高

在工作表中列和行是有所不同的。Excel 默认单元格的列宽为固定值，并不会根据数据的长度自动调整列宽。当向单元格中输入数据因列宽不够而无法全部显示时，如果输入的是数值型数据，则显示一串 * 号；如果输入的是字符型数据，当右侧相邻单元格为空时，则利用相邻单元格的空间显示；否则，只显示当前宽度能容纳的字符。为此，也可能经常需要调整列宽。

使用右键菜单，可以精准设置列宽与行高。

1. 设置行高

操作方法：

（1）选中行，使用鼠标右键单击，在弹出菜单中选择【行高】命令，打开【行高】对话框，在【行高】文本框中输入数字，如 30，如图 1-77 所示。

（2）单击【确定】按钮，此时所选每行单元格的高度都变为更改后的高度。

2. 设置列宽

在默认情况下，单元格以一个默认的数值作为列宽，如果觉得这个数值不满意，可以对其标准列宽进行调整，在调整标准列宽前的工作表是正常默认的宽度。

操作方法：

（1）选中列，使用鼠标右键单击，在弹出菜单中选择【列宽】命令，打开【列宽】对话框，在【列宽】文本框中输入数字，如 12，如图 1-78 所示。

图 1-77　　　　　图 1-78

（2）单击【确定】按钮，此时所选每列单元格的宽度都变为更改后的宽度。

1.2.17　使用鼠标设置列宽与行高

也可以使用鼠标直接拖动来调整列宽与行高。

1. 使用鼠标直接拖动调整列宽

操作方法：

移动鼠标到要调整列宽所在列的右侧边框线上，鼠标呈现➡状态后，按住鼠标左键向左或向右拖动，确定后松开鼠标左键，如图 1–79 所示。

完成后，行高就会改变！

拖动时，鼠标指针的上方会出现目前的列宽值，可供设定列的宽度参考，如图 1–80 所示。

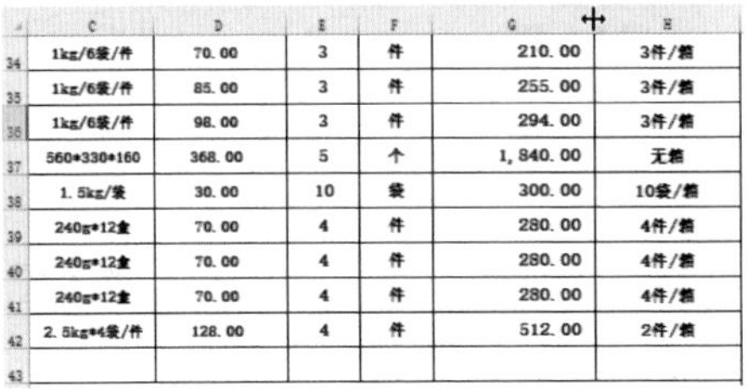

	C	D	E	F	G	H
34	1kg/6袋/件	70.00	3	件	210.00	3件/箱
35	1kg/6袋/件	85.00	3	件	255.00	3件/箱
36	1kg/6袋/件	98.00	3	件	294.00	3件/箱
37	560*330*160	368.00	5	个	1,840.00	无箱
38	1.5kg/袋	30.00	10	袋	300.00	10袋/箱
39	240g*12盒	70.00	4	件	280.00	4件/箱
40	240g*12盒	70.00	4	件	280.00	4件/箱
41	240g*12盒	70.00	4	件	280.00	4件/箱
42	2.5kg*4袋/件	128.00	4	件	512.00	2件/箱
43						

图 1–79

	C	D	E	F	G	H
34	1kg/6袋/件	70.00	3	件	210.00	3件/箱
35	1kg/6袋/件	85.00	3	件	255.00	3件/箱
36	1kg/6袋/件	98.00	3	件	294.00	3件/箱
37	560*330*160	368.00	5	个	1,840.00	无箱
38	1.5kg/袋	30.00	10	袋	300.00	10袋/箱
39	240g*12盒	70.00	4	件	280.00	4件/箱
40	240g*12盒	70.00	4	件	280.00	4件/箱
41	240g*12盒	70.00	4	件	280.00	4件/箱
42	2.5kg*4袋/件	128.00	4	件	512.00	2件/箱
43						

图 1–80

2. 使用鼠标直接拖动调整行高

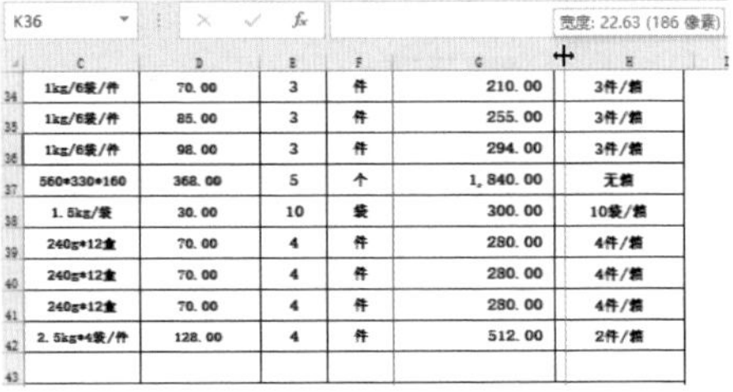

操作方法：

移动鼠标到要调整行高所在行的下边框线上，鼠标呈现 ✛ 状态后，按住鼠标左键向上或向下拖动，确定后松开鼠标左键，如图 1–81 所示。

完成后，行高就会改变！

拖动时，鼠标指针的上方会出现目前的行高值，可供设定行高的参考，如图 1–82 所示。

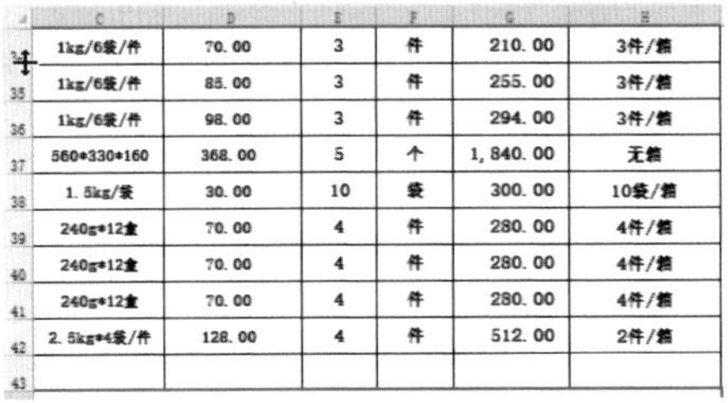

	C	D	E	F	G	H
34	1kg/6袋/件	70.00	3	件	210.00	3件/箱
35	1kg/6袋/件	85.00	3	件	255.00	3件/箱
36	1kg/6袋/件	98.00	3	件	294.00	3件/箱
37	560*330*160	368.00	5	个	1,840.00	无箱
38	1.5kg/袋	30.00	10	袋	300.00	10袋/箱
39	240g*12盒	70.00	4	件	280.00	4件/箱
40	240g*12盒	70.00	4	件	280.00	4件/箱
41	240g*12盒	70.00	4	件	280.00	4件/箱
42	2.5kg*4袋/件	128.00	4	件	512.00	2件/箱
43						

图 1–81

	C	D	E	F	G	H
34	1kg/6袋/件	70.00	3	件	210.00	3件/箱
35	1kg/6袋/件	85.00	3	件	255.00	3件/箱
36	1kg/6袋/件	98.00	3	件	294.00	3件/箱
37	560*330*160	368.00	5	个	1,840.00	无箱
38	1.5kg/袋	30.00	10	袋	300.00	10袋/箱
39	240g*12盒	70.00	4	件	280.00	4件/箱
40	240g*12盒	70.00	4	件	280.00	4件/箱
41	240g*12盒	70.00	4	件	280.00	4件/箱
42	2.5kg*4袋/件	128.00	4	件	512.00	2件/箱
43						

图 1–82

1.2.18 设置文本对齐方式和文本方向

单元格中的文字也可以进行排版操作，如设置文字水平对齐、垂直对齐和文字方向等。

水平对齐方式，除了可以使用【开始】菜单选项卡中【对齐方式】段落的对齐按钮 ≡ ≡ ≡ 进行设置外，也可以利用下面的方法进行设置。

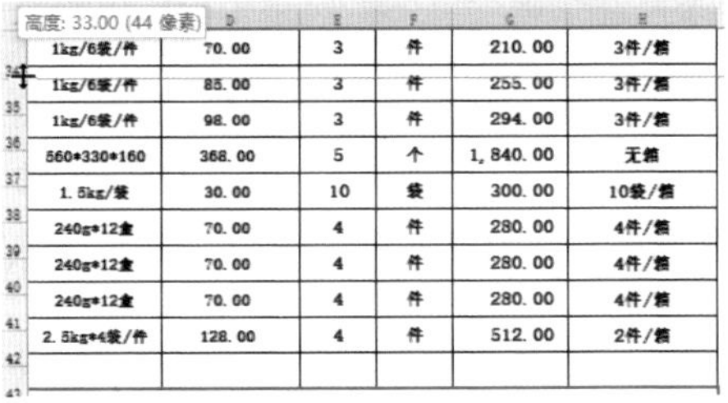

操作方法：

（1）选中要设置水平对齐方式的单元格。选择【开始】菜单选项卡，单击【对齐方式】段落右下角的【功能扩展】按钮 ⬊，打开【设置单元格格式】对话框，如图 1–83 所示。

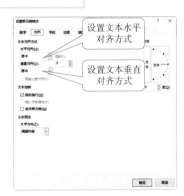

图 1–83

（2）从【水平对齐】下拉列表框中选择水平对齐方式，从【垂直对齐】下拉列表框中选择垂直对齐方式。

提示：如果需要将单元格合并或者是希望单元格能跨列，可以选中【合并单元格】复选框，如果不想让文字自动进入下一格单元格（这在打印时经常用到），就选中【自动换行】复选框，如果要保持单元格大小不变，则选中【缩小字体填充】复选框。

（3）单击【确定】按钮即可。

单元格文字的方向不仅可以水平排列和垂直排列，还可以旋转。方法是在【对齐】选项卡中，在【方向】栏中，选择文本指向的方向，或者在微调框中输入角度数即可，设置文本方向及效果如图 1-84 所示。

图 1-84

1.2.19 单元格合并后居中

通常在设计表格时，用户都希望标题放在整个数据的中间，最为简单的方法就是使用单元格合并和居中。

操作方法：

（1）在"置业顾问销控 2018.11.24.xlsx"工作簿的【Sheet1】表格中，选择 A2 单元格，如图 1-85 所示。

（2）选择【开始】菜单选项卡，单击【对齐方式】段落中的【合并后居中】按钮。

（3）即可把选定的单元格以及单元格中的内容合并和居中了，合并居中的效果如图 1-86 所示。

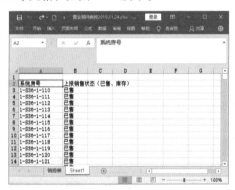

图 1-85

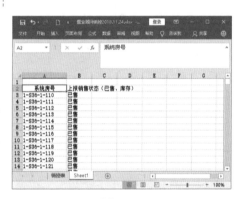

图 1-86

1.2.20 设置单元格的边框

为了突出某些单元格区域的重要性或者要与其他单元格区域有所区别，可以为这些单元格区域添加边框、底纹或图案。

在 Excel 中，默认情况下，表格线都是统一的虚线，这些虚线在打印时是没有的，如果需要让这些表格线在打印时出现，用户既可以使用【边框】按钮设置，也可以使用【设置单元格格式】对话框设置单元格的边框，下面分别介绍。

如果在设置边框格式的同时，还需要设置边框的线型和颜色等，那么还是使用【设置单元格格式】对话框进行设置比较方便。

操作方法：

（1）选定需要添加边框的单元格或单元格区域，仍然选中"置业顾问销控 2018.11.24.xlsx"工作簿的【Sheet1】表格中的 A2 单元格。

（2）选择【开始】菜单选项卡，单击【字体】段落右下角的【功能扩展】按钮，打开【设置单元格格式】对话框。

（3）单击【边框】选项卡，切换到【边框】选项卡。

（4）在【边框】选项组中通过单击【外边框】【内部】可以添加外边框和内部边框，如图 1-87 所示。在这里单击选中【外边框】。

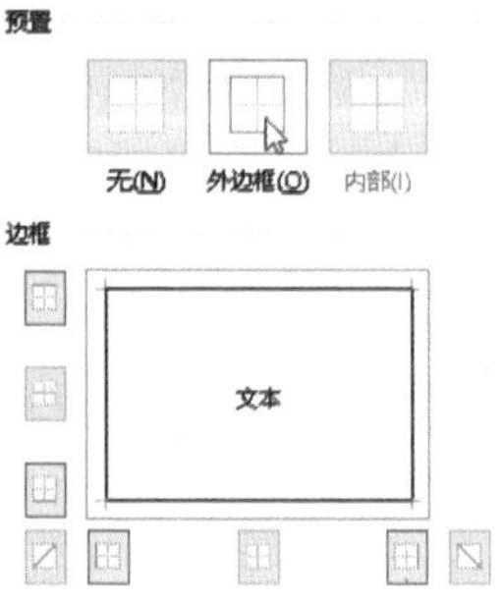

图 1-87

在【边框】选项组中可以通过单击相应的边框样式来添加上、下、左、右、斜向上表头、斜向下表头，如图 1-88 所示。

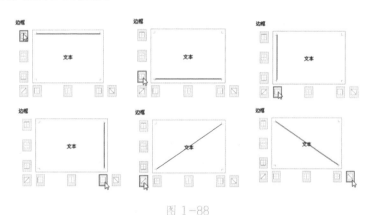

图 1-88

（5）在【样式】列表框中为边框设置线条的样式，如图 1-89 所示。选择样式后，可以多次在【预置】选项组和【边框】选项组中单击需要的样式，这样就可以得到不同的框线效果。

（6）单击【颜色】下拉箭头，在弹出的颜色面板中选择边框的颜色，如图 1-90 所示。在这里选择【红色】。

（7）完成设置后，单击【确定】按钮，效果如图 1-91 所示。

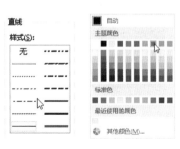

图 1-89   图 1-90

提示： 单击【字体】段落中的【下框线】按钮 右侧的向下箭头，在弹出的下拉菜单可以快速设置单元格边框，如图 1-92 所示。

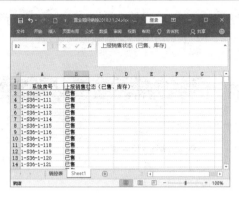

图 1-91

图 1-92

1.2.21　设置单元格的底纹和图案

如果希望为单元格背景填充颜色，可以使用【格式】工具栏上的【填充颜色】按钮。如果希望为单元格背景填充图案，则要使用【设置单元格格式】对话框中的【填充】选项卡来完成。

操作方法：

（1）选中要填充背景的单元格或单元格区域，仍然选中"置业顾问销控2018.11.24.xlsx"工作簿的【Sheet1】表格中的 A2 单元格。

（2）选择【开始】菜单选项卡，单击【字体】段落右下角的【功能扩展】按

钮，打开【设置单元格格式】对话框。

（3）在【设置单元格格式】对话框中单击切换到【填充】选项卡，如图 1-93 所示。

（4）在【背景色】区域选择需要的颜色，在这里单击选择红色颜色框，即可用这种颜色填充所选定的单元格区域。

（5）继续为单元格的背景设置底纹图案，单击打开【图案样式】下拉列表，然后选择合适的图案，这些图案称为底纹样式。在这里选择【25% 灰色】，如图 1-94 所示。

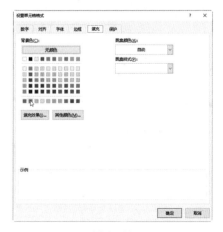

图 1-93

图 1-94

（6）单击【确定】按钮，即可为所选的单元格设置底纹颜色。效果如图 1-95 所示。对 B2 单元格进行上述同样的操作，并将 A2、B2 单元格中的文本颜色设置为白色，调整 B2 的列宽至合适大小，效果如图 1-96 所示。

图 1-95

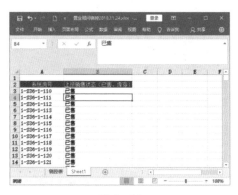

图 1-96

1.2.22 设置单元格的特殊显示方式

设置单元格的特殊显示方式有很大的作用，例如，打开"寰宇养生堂订单 150807.xlsx"工作簿，要显示"2020 年订单模板"表格中 G5 列中金额大于 500 以上的订单表，如果有金额高于 500 的，可以用特殊的格式（颜色或字体）来显示。

操作方法：

（1）选中表示金额的所有单元格，单击【开始】菜单中的【样式】段落中的【条件格式】按钮，在弹出的下拉菜单中选择【突出显示单元格规则】|【大于】命令，如图 1-97 所示。

图 1-97

（2）打开【大于】对话框，如图 1-98 所示。

（3）按照图 1-99 所示进行设置。

图 1-98

图 1-99

（4）单击【确定】按钮，效果如图 1-100 所示。

注意： 如果想删除条件，只需在【条件格式】按钮下拉菜单中选择 |【清除规则】命令，然后在子菜单中选择要删除的条件即可，如图 1-101 所示。

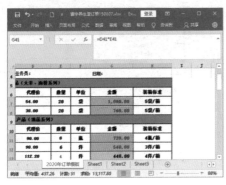

图 1-100

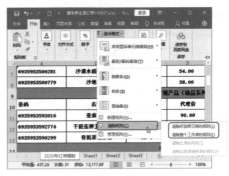

图 1-101

1.2.23 巧妙快速复制单元格内容

1. 复制内容到下一个单元格（行）中

选中下面一个单元格（行），按键盘上的 Ctrl+D 组合键，就可以将上一单元格（行）的内容复制到此单元格（行）中来。

2. 将内容复制到右边的单元格（列）中

选中一个单元格（列），然后将光标移动到该单元格（列）的右侧，按键盘上的 Ctrl+R 组合键，即可将该单元格（列）的内容复制到此单元格右边的单元格（列）中。

3. 快速将内容剪切到目标单元格中

选中某个单元格，然后将鼠标移至该单元格的边框外，鼠标指针变成梅花状 时，按住左键拖拉到目标单元格后松开，即可快速将该单元格中的内容剪切到目标单元格中。

4. 将内容复制到多个单元格（行）中

选中被复制内容的单元格（行）及下面的多个单元格（行），再按下 Ctrl+D 组合键，即可将被复制的内容复制到下面选中的多个单元格（行）中来。

1.2.24 快速格式化单元格

在 Excel 中，用户很多时候都需要对不同的单元格进行格式化。一般的操作都是选择【开始】菜单选项卡，然后单击【字体】段落右下角的【功能扩展】按钮 ，来调出【设置单元格格式】对话框。一旦需要格式化的单元格很多，效率就很低。

其实可以通过键盘快捷键来更快地进行，只要使用 Ctrl+1 组合键即可弹出【设置单元格格式】对话框，对单元格进行格式化操作。

1.2.25 隐藏所选单元格的值

在编辑工作表中，有时要将所有单元格的值都隐藏起来，特别有可能是一些重要的数据（比如要打印的员工花名册中的身份证号、银行卡号、工资信息等）不想让别人看到。那么怎样隐藏单元格中的所有值呢？

操作方法：

（1）选中需要隐藏的单元格，然后使用 Ctrl+1 组合键，在弹出的【设置单元格格式】对话框中选中【数字】选项卡。

（2）在【分类】栏中选中【自定义】选项；在【类型】框中输入三个英文状态的分号（;;;），如图 1–102 所示。

（3）单击【确定】按钮，结束操作。

这时选中的单元格中的数值将自动隐藏起来以空白形式显示。如果想恢复单元格中的数值，只需在【类型】列表框中选中【G/通用格式】即可。

图 1–102

1.2.26 快速进行行或列重复填充

接下来讲解在同一行（或同一列）的单元格内重复填充数据的方法。

操作方法：

（1）选中包含原始数据的单元格（或区域），然后将鼠标移至所选区域右下角的填充柄上。

（2）当光标变为小黑十字时，按住鼠标左键并拖过所有需要填充的单元格，完成后松开鼠标。

> **注意：** 如果被选中的是数字或日期等数据，最好按住 Ctrl 键拖动鼠标，从而防止以序列方式填充单元格。

1.2.27 快速锁定全部单元格

操作方法：

（1）打开相应的工作簿，切换到需要锁定的工作表下，选择【审阅】菜单选项卡，单击 /【保护】段落中的【保护工作表】按钮，打开【保护工作表】对话框，如图 1–103 所示。

（2）在打开的【保护工作表】对话框中，根据锁定的内容的需要进行适当设置，并输入密码（密码需要确认输入一次），最后单击【确定】按钮，结束操作。

图 1–103

这样当前整个工作表即被锁定，使用者只能浏览，不能对锁定项目进行处理。

1.2.28 移动填充

使用此方法可以将一块数据区域移动到工作表中的任意位置。

操作方法：

（1）选中需要移动的数据区域。

（2）按住 Shift 键，将鼠标移到数据区域的边框（不是填充柄，下同）。然后按住鼠标左键，拖动数据区域向目标位置移动，其间 Excel 会提示数据被填充的区域，到达指定位置松开鼠标即可。

1.2.29 行列转置

所谓行列互换是指将单元格的行转置成列，将列转置成行，但单元格所对应的行标题或列标题是不受影响的。

操作方法：

（1）打开"销售员年度销售情况 .xlsx"工作簿。

（2）移动鼠标选择想要转置的单元格，在这里选择 A2 到 D8 单元格之间的区域，如图 1-104 所示。

（3）执行【开始】|【复制】命令，或者直接使用 Ctrl+C 快捷键。

（4）移动鼠标选择要将数据粘贴到的工作表和单元格，在这里选择工作表中的 A10 单元格，如图 1-105 所示。

图 1-104

图 1-105

（5）执行【开始】|【粘贴】命令，在弹出菜单中选择【转置】，如图 1-106 所示。

（6）完成后，就会将数据转置，画面显示如图 1-107 所示。

数据转置后，复制范围最上面一行的数据会出现在粘贴范围的最左边一列，而最左边一列的数据会出现在最上面一行，其他的字段则会自动对应正确的字段。

图 1-106

图 1-107

1.2.30 快速互换两列数据

有时需要调整表格中两列数据的先后顺序，比如要交换列 A 和列 B 的数据。

操作方法：

（1）用鼠标选定 A 列数据区域，并把鼠标放在 A 列数据区域的右边，然后在按下 Shift 键的同时，按下鼠标左键，这时鼠标变为向左的箭头。

（2）拖动鼠标至 B 列数据区域的右边，看到一条垂直的虚线时松开 Shift 键和鼠标左键。

这样就实现了 A、B 列的数据互换。同样，也可以实现两行数据的互换。

1.2.31 让列标题总是可见

在 Excel 中滚动表格时，如果表格比较长，超出了屏幕范围，一些标题就看不见了，这样给操作带来了不便。应该如何避免这种情况呢？

操作方法：

选择紧邻列标题的下一行，然后单击【视图】|【窗口】|【冻结窗格】|【冻结窗格】命令即可。

这样被冻结的列标题不会滚动，而且在移动工作簿的其他部分时，列标题会保持可见。

1.2.32 去掉网格线

有时在 Excel 中制作图表时，不需要使用网格线。但是在系统默认的情况下网格线总是显示的，那么有什么办法能解决这个问题呢？

操作方法：

单击取消【视图】|【显示】段落中的【网格线】复选框即可。

此时工作表中的网格线就不见了。如果要想重新显示网格线，用同样的方法选中【网格线】复选框即可，如图 1-108 所示。

图 1-108

1.2.33 批量调整单元格列宽

对于相邻的多列，操作方法如下：

（1）在其列标处用鼠标选中整列，并将鼠标移至选中区域内。

（2）将鼠标移至选中区域内任何一列的列标边缘，当鼠标变成左右带箭头的十字形时，按下左键并拖动，则将选中的所有列的宽度调成相同的尺寸。

（3）此时双击左键，则将选中的所有列的宽度调成最合适的尺寸，以和每列中输入最多内容的单元格相匹配。

对于不相邻的多列，操作方法如下：

（1）先按下 Ctrl 键并配合鼠标左键单击或按下左键并拖动的操作，选中需调整的列。

（2）将鼠标移至选中的区域内任何一列的列标处，当鼠标变成左右带箭头的十字形时，按下左键并拖动，则将选中的所有列的宽度调成相同尺寸。

（3）此时双击左键，则将选中的所有列的宽度改成最合适的尺寸。

以上列举的都是列的操作，行的操作与上述操作基本相同。

1.2.34 设置单元格数据的对齐方式

为了表格的美观，需要对数据的对齐方式进行设置。

操作方法：

（1）选择要进行对齐方式设置的单元格或区域，然后使用 Ctrl+1（数字键）打开【设置单元格格式】对话框。

（2）在【对齐】选项卡中，分别设置【水平对齐】和【垂直对齐】；在右侧的【方向】栏中还可以设置文字的旋转方向；在【从右到左】栏中选择一种文字方向。如图 1-109 所示。

（3）单击【确定】按钮，结束操作。

图 1-109

1.2.35 批量设定单元格格式

操作方法：

（1）通过按下 Ctrl 键并配合鼠标左键单击（或按下左键并拖动）的操作选择不连续单元格，或者通过按下鼠标左键并拖动选择连续单元格。

（2）将鼠标移至选中的任何区域内，单击鼠标右键，在弹出的快捷菜单中选择【设置单元格格式】命令，进行批量设定单元格格式。

1.2.36 让数据根据单元格大小自动调整字号

在编辑工作表时，所编辑的列的宽度可能已经固定，但由于该列各单元格中的字符数不等，从而导致有些内容不能显示出来。那么如何在不改变列宽的前提下让这些原本看不见的内容显示出来呢？这就要利用 Excel 的自动调整字号功能。

操作方法：

（1）选中需要自动调整字号的单元格区域，然后使用 Ctrl+1（数字键）打开【设置单元格格式】对话框。

（2）选中【对齐】选项卡，在【文本控制】选项下选中【缩小字体填充】复选框，如图 1–110 所示。

（3）单击【确定】按钮，结束操作。

这样，当数据长度超过单元格宽度时，系统就会自动调整字体，使得其数据长度不会超过单元格宽度。

图 1–110

1.2.37 旋转单元格中的数据

一般来说，单元格中的数据或文本不是水平方向的就是垂直方向的。但在设置一些数据表格时，某些单元格中的数据需要进行旋转，使得表格更加地美观。那么如何让这些文字进行任意角度的旋转呢？

操作方法：

（1）选中需要进行旋转的文字所在的单元格，然后使用 Ctrl+1（数字键）打开【设置单元格格式】对话框。

（2）选择【对齐】选项卡，在【方向】栏中设置所需要的角度。可以通过直接输入数据来精确地设置旋转角度，也可以使用鼠标单击来粗略地设置。

（3）单击【确定】按钮，结束操作。

1.2.38 用【查找】功能帮助选择

操作方法：

（1）选择【开始】菜单选项卡，然后单击【编辑】段落中的【查找和选择】|【查找】命令。

（2）在出现的【查找和替换】对话框的【查找】选项卡的【查找内容】后面的方框中输入要查找的关键字符，如图 1–111 所示。

（3）单击【查找全部】或【查找下一个】按钮，就可以一次性全部或依次选中包括上述关键字符的单元格。

图 1–111

提示： 上述操作在【替换】标签下，也可以进行。

1.2.39　锁定或隐藏单元格数据

在编辑工作表的过程中，有时为了防止误操作，可能要避免一些已经编辑好的单元格被改动。这自然涉及单元格的保护功能。保护单元格的方法有两种，一种是【锁定】，自然是锁定这些单元格，使得在错误操作时，弹出提示框禁止用户修改数据。另一种是【隐藏】，即隐藏单元格。

操作方法：

（1）选择需要进行锁定的单元格或者区域，然后使用 Ctrl+1（数字键）打开【设置单元格格式】对话框。

（2）单击【保护】选项卡，然后选中【锁定】或者【隐藏】复选框，如图 1–112 所示。

（3）单击【确定】按钮，结束操作。

图 1–112

1.2.40　快速进行线条修改

在 Excel 中，一张表格画好后，如果想对其中的几根线条进行修改，怎么办呢？

操作方法：

（1）单击【开始】菜单选项卡的【字体】段落中的【下框线】命令按钮█右侧的下拉箭头▾。

（2）在弹出的菜单中选择相应的线条样式及颜色，然后在想修改的表格线上再画一次即可。

1.2.41　突出显示满足设定条件的数据

有时候需要显示那些满足一定要求的数据，便于用户进行观察和进一步的编辑。这时就需要使用【条件格式】来标记单元格了。那么怎样设置才能达到突出显示满足设定条件的数据呢？

> **提示：**【条件格式】是指当单元格中的数据或者公式满足一定条件后，将单元格底纹或字体颜色等格式自动应用于这些单元格。比如，可以设置当学生课程成绩满足大于 60 分时，将其设置为绿色；否则，设置为红色。

操作方法：

（1）选择要进行条件格式设置的单元格或区域，然后单击【开始】|【样式】|【条件格式】|【新建规则】菜单命令。

（2）在弹出的【新建格式规则】对话框（图1-113）的【选择规则类型】栏中选择规则类型，在随后的几个栏中选择要满足的条件。

（3）在这里选择【只为包含以下内容的单元格设置格式】，然后单击【格式】按钮，设置颜色为红色。

（4）设置条件，比如单元格值、大于、60，并单击【格式】按钮设置颜色为红色。

（5）设置完毕，单击【确定】按钮结束操作。

图 1-113

1.2.42　轻松检查数据错误

Excel 中有一项文本到语音功能。通过语音校对功能，可以轻松地检查工作表中的数据是否有错误。

操作方法：

（1）单击【文件】‖【更多】‖【选项】，在打开的【Excel 选项】对话框中单击【快速访问工具栏】。

（2）在【从下列位置选择命令】下拉列表中单击选中【不在功能区的命令】，然后在其下的命令列表框中有 5 个命令用来选择朗读方式，分别是：【按 Enter 开始朗读单元格】、【按列朗读单元格】、【按行朗读单元格】、【朗读单元格 – 停止朗读单元格】和【朗读单元格】（位置不连续，需要分别逐一寻找）。

（3）依次将其选中，单击【添加】按钮分别将其添加到快速访问工具栏中。

这样一来，检查错误操作就变得非常轻松了。

1.2.43　快速命名单元格

Excel 工作表单元格中有自己的默认名称，如第 2 列和第 6 行单元格的名称为 B6。如果要给某个单元格命名为"工资总额"，只要将该单元格选中，然后单击编辑栏左边的【名称框】即可输入该单元格的新名称。

1.2.44　将 * 替换为 ×

操作方法：

在 Excel 中编辑文档时，如果直接使用【查找和替换】将 * 替换为 × 会将整个单元格的内容都替换掉，其实只要在查找中输入 *，然后一个一个查找再替换，即可达到要求。

1.2.45　快速输入 M^2

当在 Excel 中输入 M^2 这样的符号时，如果在 Word 中制作好再复制过去，显得有点麻烦。有没有快速输入上标的方法呢？

操作方法：

（1）在单元格中输入 M 之后，然后按下 Alt 键的同时，在右侧的小键盘上输入 178 后松开 Alt 键。

（2）此时在 M 前面就加上了一个上标 2 了，将其剪切到 M 后面即可。

1.2.46　创建指向网页上特定位置的超链接

操作方法：

（1）用鼠标右键单击希望用来代表超链接的文本或图形，然后再单击【插入】|【超链接】菜单命令。

（2）在出现的【插入超链接】对话框左边的【链接到】选项之下，单击【现有文件或网页】，如图 1-114 所示，然后单击下列操作之一：

①若要从当前文件夹中选择网页，请单击【当前文件夹】，再单击所要链接的网页。

②若要从浏览过的网页列表中选择网页，请单击【浏览过的网页】，再单击要链接的网页。

③若要从最近使用过的文件列表中选择网页，请单击【最近使用过的文件】，再单击要链接的网页（如果知道要链接的网页名称和位置，请在【地址】框中键入相关信息）。

图 1-114

④若要通过打开浏览器并搜索页来选择网页，则单击【浏览 Web】按钮，打开要链接的网页，然后不关闭浏览器切换回 Excel。单击【书签】再双击所需书签。

⑤若希望鼠标停放在超链接上时可显示提示，请单击【屏幕提示】按钮，接着在【屏幕提示文字】框中键入所需文本，然后单击【确定】按钮。

（3）单击【确定】按钮，结束操作。

1.2.47　关闭自动更正功能

自动更正功能为用户提供了极大的方便。但有时在有些特殊情况下，不需要系统提供自动更正，那么就需要屏蔽该功能。

操作方法：

（1）单击【文件】|【更多】|【选项】菜单命令。在打开的【Excel 选项】对话框中单击【校对】选项卡，然后单击【自动更正选项】按钮，如图 1-115 所示。

（2）在弹出的如图 1-116 所示的【自动更正】对话框中单击选择【自动更正】选项卡。若

图 1-115

要关闭大写选项，则清除与大写有关的复选框（2~6项）；若要关闭更正印刷和拼写错误，则清除【键入时自动替换】前的复选框。

（3）若要关闭更正格式错误，则单击【键入时自动套用格式】选项卡，然后清除不需要的自动套用格式类型的复选框，比如【Internet 及网络路径替换为超链接】等其他选项，如图 1-117 所示。

图 1-116

图 1-117

1.2.48 添加计算器

有时需要在编辑工作表时使用计算器，这可以在 Excel 环境下添加按钮来使用它。

操作方法：

（1）单击【文件】|【更多】|【选项】命令，打开【Excel 选项】对话框。

（2）选择【快速访问工具栏】选项卡，在【从下列位置选择命令】下拉列表中选择【不在功能区的命令】，然后在其下的命令列表框中选中【计算器】，再单击【添加】按钮将其添加到快速访问工具栏中。

（3）快速访问工具栏上就会有一个计算器的按钮，以后只要单击它就可以调用计算器了。

1.2.49 检查重复字段值

在较大的数据文件入库前，往往需要对数据文件做一些处理工作，如人员信息在数据采集阶段可按部门统计到 Excel 表中，最后集中导入大型数据库，如 Oracle 等。在这个过程中，因数据的唯一性问题导致的错误往往会使得操作人员倍感头疼：如人员信息中，稍不注意就会将身份证号重复输入，因为在此表中身份证号一般用作主键，有重复数据就不能入库，这种错误相当隐蔽，不容易检查。为了避免出现这样的情况，Excel 提供了【删除重复项】功能。

操作方法：

（1）单击【数据】|【数据工具】|【删除重复值】命令，弹出【删除重复值】对话框。

（2）根据需要在【列】列表框中选择要检查的列，然后单击【确定】按钮完成操作，如图 1–118 所示。

图 1–118

1.2.50 设置小数有效性检查

为了防止在一些单元格中输入超过某个阈值的数据，可以通过对单元格中的数据类型进行限制，从而确保在输入错误数据时发出拒绝或者警告。这需要利用 Excel 的数据验证功能。那么如何设置小数有效性检查呢?

操作方法:

（1）选中需要进行设置的单元格或区域，然后单击【数据】|【数据工具】|【数据验证】。

（2）在打开的【数据验证】对话框中选择【设置】标签，在【允许】列表中选中【小数】选项;在【数据】列表中选中所需的数据范围，比如【介于】;在【最小值】和【最大值】栏中指定数据的上下限，比如最小值:2、最大值:18;如果允许数据单元格为空，则选中【忽略空值】复选框，如图 1–119 所示。

（3）单击【确定】按钮即可。

图 1–119

1.2.51 Ctrl 键与数字键的妙用

在 Excel 中，Ctrl 键与数字键之间有着一些很微妙的关系，掌握这些快捷键对今后提高工作效率会有很大的帮助。

Ctrl+1:可以快速打开【设置单元格格式】对话框。

Ctrl+2、Ctrl+3、Ctrl+4:分别是将所选单元格内的数据加粗、加斜、加下划线。

Ctrl+5:可以给选定的文字加上删除线。

Ctrl+9:隐藏选定的行。

Ctrl+Shift+9:可以恢复显示隐藏的行。

Ctrl+0 和 Ctrl+Shift+0:隐藏和显示选中的列。

> **提示:** 这里的数字键为主键盘上的数字键。

1.3 工作簿与工作表的应用

1.3.1 同时显示多个工作簿

在编辑工作表时，用户经常要在多个工作簿之间通过切换来查看数据或者复制数据。可以利用 Excel 的功能来达到同时显示多个工作簿。

操作方法：

（1）单击菜单命令【视图】|【窗口】|【新建窗口】，将建立一个跟当前一样的工作簿窗口。

（2）在新建的工作簿窗口中选择一个不同的工作表。

（3）单击菜单命令【视图】|【窗口】|【全部重排】，在弹出的【重排窗口】对话框的【排列方式】栏中选择一项。

（4）单击【确定】按钮，结束操作。

如果要退出该显示效果，只要单击某一个工作簿窗口中的【最大化】按钮即可。

1.3.2 隐藏工作簿窗口

打开多个工作簿以后，会造成屏幕上占满了工作簿，而且有时会因为疏忽而造成不必要的损失。那么如何暂时地隐藏其中几个呢？

操作方法：

（1）将需要隐藏的工作簿激活，使之成为当前工作簿。

（2）单击【视图】|【窗口】|【隐藏】即可将该工作簿隐藏起来。

（3）如果要显示之前隐藏了的工作簿，可以按类似的操作进行：单击菜单命令【视图】|【窗口】|【取消隐藏】，在弹出的【取消隐藏】对话框中如果有多个工作簿被隐藏，就可以选择需要显示的工作簿。最后单击【确定】按钮即可。

1.3.3 改变工作簿中工作表的默认个数

在打开 Excel 程序后，系统默认会打开 1 个空白工作表，即【Sheet1】。有时候用户可能希望程序启动时能同时打开更多的工作表。

操作方法：

（1）单击【文件】|【更多】|【选项】，在弹出的【Excel 选项】对话框左侧列表选中【常规】选项卡。

（2）在【新建工作簿时 – 包含的工作表数】框中输入所需要的工作表的数量，比如8，然后单击【确定】按钮，如图1–120所示。

图 1–120

（3）重新运行 Excel，此时新建的工作簿中就包含有 8 个空白工作表。

> **提示：** 步骤（2）中输入的数字最大为 255。

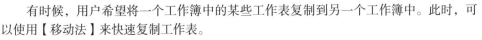

1.3.4 在多个工作簿或工作表间进行快速切换

用户在编辑或输入数据时，需要在多个工作簿间切换。这种操作会很频繁。所以要求这种操作快速高效。显然，最好的方法是使用键盘操作。

操作方法：

（1）按键盘上的 Ctrl+Tab 组合键，可在打开的工作簿之间进行切换。

（2）按键盘上的 Ctrl+PageUp 组合键，可以切换到工作簿的上一个工作表。

（3）按键盘上的 Ctrl+PageDown 组合键，可切换到工作簿的下一个工作表。

1.3.5 使用移动法来复制工作表

有时候，用户希望将一个工作簿中的某些工作表复制到另一个工作簿中。此时，可以使用【移动法】来快速复制工作表。

操作方法：

（1）打开两个将要进行操作的工作簿，比如"源 .xlsx"和"目标 .xlsx"。

（2）切换到工作表"源 .xlsx"中，右击需要进行复制的工作表，在弹出的菜单中选择【移动或复制】命令，如图 1–121 所示。

（3）在弹出的【移动或复制工作表】对话框的【工作簿】下拉列表中选择目标工作簿【目标 .xlsx】，在【下列选定工作表之前】栏中选择插入点，并同时选中【建立副本】，如图 1–122 所示。

（4）单击【确定】按钮。

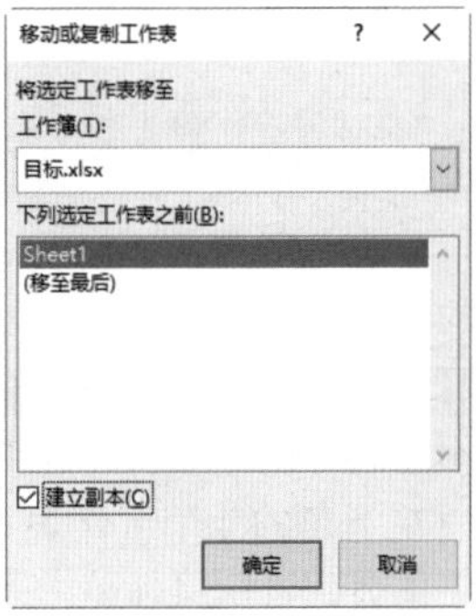

图 1–121　　　　　图 1–122

这时工作簿"源 .xlsx"中的工作表则移动到工作簿"目标 .xlsx"中了。

1.3.6 隐藏暂不需要的工作表

上面讲到隐藏工作簿。其实也可以隐藏工作表，使它的内容隐藏起来。

操作方法：

（1）选择需要隐藏的工作表。

（2）右击工作表表名，在菜单中单击【隐藏】命令，如图 1–123 所示。

此时该工作表即从屏幕上消失。

如果要显示被隐藏的工作表，方法为：

（1）右击工作簿中任意表名，在菜单中单击【取消隐藏】命令。

（2）在弹出的【取消隐藏】对话框中选择需要显示的工作表。

（3）单击【确定】按钮即可显示该工作表。

图 1–123

1.3.7 拆分工作表

编辑工作表时，有时由于表格内容过长，不能同时浏览同一表格的不同部分。尽管可以使用滚动条，但操作烦琐。这时，就可以使用 Excel 的拆分功能。

操作方法：

（1）选择要进行拆分的工作表。

（2）单击【视图】|【窗口】|【拆分】。此时，系统自动将工作表拆分为 4 个独立的窗口。

> 提示：①如果对系统自动拆分不满意，可以用鼠标来分别调整 4 个窗口的大小。②如果要关闭拆分效果，可以通过【视图】|【窗口】|【取消拆分】来将其撤销。③当用户成功定位到工作表的不同部分时，就可以对其进行操作。一般需要冻结操作的两个窗口，免得误操作。操作方法为单击菜单命令【视图】|【窗口】|【冻结窗格】。

1.3.8 快速选中工作表

在一般情况下，当一个工作簿中的工作表个数不多的时候，比如 3 个，可以直接用鼠标单击工作表标签即可选中工作表。而当工作表的个数比较多时，屏幕上是不能同时全部显示所有工作表标签的。这就需要用户使用左下角的 4 个工作表滚动按钮 ⫷ ◀ ▶ ⫸ 定位到相应的工作表，再用鼠标单击来选定。这个操作一旦当工作表数目很多时，效率是不高的。可以采取如下方法快速选中工作表。

操作方法：

在任意一个工作表中，将光标移到工作表左下角的工作表滚动按钮上，然后单击鼠标右键，在弹出的快捷键菜单中选择自己所需的工作表，然后单击【确定】按钮即可，如图 1-124 所示。

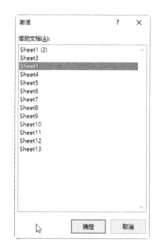

图 1-124

1.3.9 快速格式化工作表

在 Excel 中制作一些报表时，为了美观，需要对表格进行格式化，但又碍于时间的限制，不希望手动格式化工作表。那么该如何快速格式化报表？可以利用自动套用格式功能来完成。

操作方法：

（1）选中所要制作表格的区域，然后单击【开始】|【样式】|【套用表格样式】。

（2）在打开的列表中，可以选择满意的表格样式。

（3）还可以单击【新建表格样式】命令设置需要应用格式的那些部分。最后单击【确定】按钮，结束操作。

此时在工作表中被选中区域将被所选中的格式套用。

1.3.10　复制 Word 的表格数据

在 Word 中制作好的表格数据，可以被复制到 Excel 中。

复制 Word 表格数据的操作方法如下：

（1）在 Word 窗口中打开含有表格数据的文件，然后选择表格数据，再移动鼠标选择工具栏的 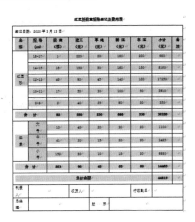 复制按钮，如图 1–125 所示。

（2）打开 Excel 窗口，然后选择想要粘贴数据的目的单元格，如图 1–126 所示。

（3）执行【开始】|【粘贴】|【粘贴】命令，或直接使用 Ctrl+V 快捷组合键，完成后，就会在 Excel 工作表中粘贴在 Word 中复制的表格数据，如图 1–127 所示。

粘贴表格数据后，只要再调整栏宽、列高，就会很美观了！

图 1–125

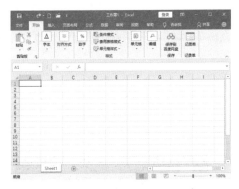

图 1–126

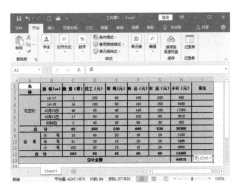

图 1–127

1.3.11　复制不同工作表的数据

在 Excel 电子表格中，一个文件称为一个工作簿，而在工作簿中含有多张工作表，在各工作表中可分别放入不同性质的数据，当工作表中的内容相同时，可以利用复制的功能来产生数据。

复制不同工作表数据的操作方法：

（1）选择想要复制数据的工作表标签，然后从该工作表中选择想要复制的单元格，如图 1-128 所示。

（2）执行【开始】|【复制】命令，或者直接使用 Ctrl+C 快捷键。

（3）移动鼠标选择想要粘贴数据的工作表标签，然后在该工作表中选择想要粘贴数据的单元格，如图 1-129 所示。

（4）执行【开始】|【粘贴】|【粘贴】命令，或直接使用 Ctrl+V 快捷键，完成后，就会在该工作表中粘贴在前一个工作表中复制的表格数据，如图 1-130 所示。

图 1-128

图 1-129

图 1-130

利用相同的技巧，不同工作簿的单元格数据也可以相互复制，只要在窗口菜单中切换不同的工作簿窗口，就可选择想要复制及粘贴的工作簿。

1.3.12 善用 Office 剪贴板

Office 2019 有一个剪贴板的功能，如图 1-131 所示。可以一次复制多个对象（最多 24 个）后，再逐一粘贴或全部粘贴。该剪贴板收集的项目是包括 Word、Excel、PowerPoint 等 Office 功能组件在内的所有复制对象。

剪贴板中可以同时存放 24 个对象，这种多重剪贴板的功能，可以在其他应用软件中复制多个对象后，再贴到打开剪贴板的文件中，以省去窗口切换的麻烦。

1. 打开剪贴板任务窗格

首先，来学习如何打开剪贴板任务窗格。

要在 Office 2019 中使用剪贴板的功能，要先打开剪贴板任务窗格，才能将复制的项目保存在剪贴板中。

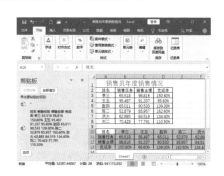

图 1-131

打开剪贴板任务窗格的操作方法如下：

单击【开始】菜单选项卡中的【剪贴板】右下角的【功能扩展】按钮 ⬎，就会在表格编辑区左侧出现剪贴板任务窗格，如图 1-132 所示。

每一次进行复制、粘贴或剪切操作后，相应的内容就会被自动收集到剪贴板中。

完成后，回到 Office 窗口，会发现剪贴板任务窗格中已经存放所复制或剪切的项目，并且会以小图或文字的前几个字来代表项目的内容，以方便选择使用。

当收集的项目超过 24 个，则会将第一个删除以放置新的项目。

2. 将剪贴板中的项目贴到文件中

一旦剪贴板中收集了项目，就可以将其贴到 Office 2019 的任一组件所对应的文件中。

下面学习如何将剪贴板中的项目贴到文件中。

将剪贴板中的项目贴到文件的操作方法如下：

（1）打开想要粘贴数据的 Office 文件，然后选择想要粘贴复制项目的位置，再单击一下剪贴板任务窗格中想粘贴的对象项目，如图 1-133 所示。

图 1-132

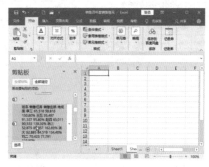

图 1-133

（2）继续选择想要粘贴复制对象项目的位置，再单击一下剪贴板任务窗格中想粘贴的对象项目。

（3）完成后，就会在文件中粘贴剪贴板任务窗格内所收集的项目，如图 1-134 所示。

3. 清空剪贴板中的项目

如果剪贴板中的项目不需要了，可以单击选择【全部清空】按钮，将剪贴板中的项目全部清除，如图 1-135 所示。

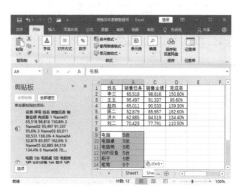

图 1-134

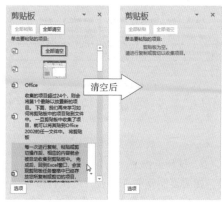

图 1-135

1.3.13　移动和复制工作表

首先打开"宠物羊奶粉市场销量分析.xlsx"工作簿。

1. 移动工作表

如果要移动工作表，操作方法：

（1）单击要移动的工作表的标签，这里选择"卫仕"工作表的标签，如图 1-136 所示，使之成为活动工作表。

（2）使用鼠标左键按住该表格标签，光标变成形状，并且该表格标签左上角出现一个向下的黑箭头，如图 1-137 所示。

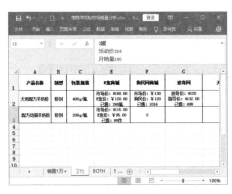

图 1-136　　　　　　　　　　　　　　图 1-137

（3）按住左键不放拖动到要移动到的所在表格标签的后面，在这里拖至"BOTH"工作表标签的后面，如图 1-138 所示。

（4）松开鼠标左键，"卫仕"工作表的标签就被放置到了【BOTH】工作表标签的后面，如图 1-139 所示。

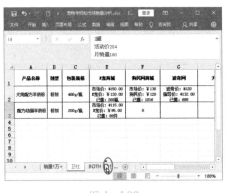

图 1-138　　　　　　　　　　　　　　图 1-139

2. 复制工作表

如要复制整张工作表，可执行以下步骤：

（1）单击要复制的工作表的标签，这里选择"卫仕"，使之成为当前的活动工作表。

（2）使用鼠标左键单击"卫仕"工作表的标签，在弹出菜单中选择【移动或复制】命令，如图 1-140 所示。

（3）在打开的【移动或复制工作表】对话框中的【下列选定工作表之前】单击选择【麦德氏 IN】，并选中【建立副本】选项，如图 1-141 所示，然后单击【确定】按钮。

图 1-140

图 1-141

结果如图 1-142 所示。

图 1-142

1.3.14 快速进行多个工作表的输入

（1）如果想在多张工作表中输入相同内容，省略以后的复制、粘贴等操作，方法为：选中需要填充相同数据的工作表，在已选中的任意一张工作表内输入数据，则所有选中工作表的相应单元格会自动填充同一数据。

（2）如果选中工作表后想取消上述功能，可用鼠标右键单击任意一张工作表的选项卡，选择弹出菜单中的【取消组合工作表】命令，如图 1-143 所示。

（3）如果需要将某张工作表已有的数据快速填充到其他工作表中，方法为：

①按住 Ctrl 键不放，选中含有数据的工作表和待填充数据的工作表，再选中含有数据的单元格区域。

②单击【开始】|【编辑】|【填充】|【至同组工作表】命令，在出现的对话框中选择填充的内容：【全部】、【内容】或【格式】，如图 1-144 所示。

图 1-143　　　图 1-144

③单击【确定】按钮，结束操作。

第 2 章

公式与函数

Excel 2019 具有强大的数据运算和数据分析能力。这是因为在其应用程序中包含了丰富的函数及数组的运算公式。对于一些复杂数据的运算，用户可以通过这些包含函数和数组的公式进行解答。可以说，公式与函数是 Excel 的灵魂所在。

公式是在工作表中对数据进行分析处理的等式，它可以对工作表数值进行各种运算。公式中的信息还可以引用同一工作表中的其他单元格、同一工作簿不同工作表的单元格，或其他工作簿的工作表中的单元格。函数是一些预定义的公式，通过使用一些称为参数的特定数值来按特定的顺序或结构执行计算。函数可用于执行简单或复杂的计算。

本章将为读者介绍大量关于 Excel 公式与函数的应用与技巧。通过本章的学习，读者可以深入地学习到 Excel 2019 函数与公式的使用技巧，方便灵活地运用各种函数进行统计运算工作。

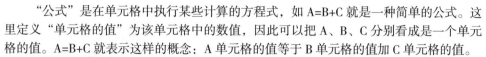

2.1　公式与函数基础

"公式"是在单元格中执行某些计算的方程式，如 A=B+C 就是一种简单的公式。这里定义"单元格的值"为该单元格中的数值，因此可以把 A、B、C 分别看成是一个单元格的值。A=B+C 就表示这样的概念：A 单元格的值等于 B 单元格的值加 C 单元格的值。

输入公式是计算机电子表格最重要的功能，在工作表中输入基本数据后，可输入各种不同类型的公式，以产生所需要的计算结果。

2.1.1　在单元格中输入公式

一般情况下，公式计算的原则一般形式为 A3=A1+A2，表示为 A3 是 A1 和 A2 的和，如果用 =AVERAGE(D2:D7)，表示求 D2 到 D7 这一列单元格的平均值。

例：打开"寰宇养生堂订单 150807.xlsx"工作簿，求"2020 年订单模板"工作表中的 G7 到 G42 这一列单元格的和（注意该列中间有纯字符单元格）。

操作方法：

（1）把光标定位到 G43 单元格，如图 2-1 所示。

（2）在编辑栏中，输入 =(G7+G8+G11+G12+G13+G16+G17+G18+G19+G20+G21+G22+G23+G24+G25+G26+G27+G30+G31+G32+G33+G34+G35+G36+G37+G38+G39+G40+G41+G42)，如图 2-2 所示。在输入过程中，如果在编辑栏中输入了运算符"="号以后，可以继续在编辑栏中输入相应的单元格名称，也可以直接用鼠标选取相应的单元格。

图 2-1

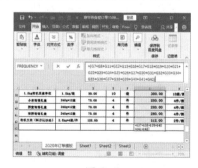

图 2-2

（3）输入完毕后，按回车键，即可在该单元格中得到各个单元格的求和结果，如图 2-3 所示。

注意： 当单元格所引用的数据发生变化时，使用公式的单元格就会重新计算结果。此外，如果数据量不是很大的话，自动更新很方便，但是如果一个单元格数据的改变，引起多个单元格数据的更新，Excel 的运行速度就会变慢，因此可以单击【公式】菜单选项卡，在【计算】组中单击【计算选项】按钮，在弹出的下拉菜单中选择【手动】命令即可，如图 2-4 所示。

图 2-3 图 2-4

2.1.2 使用 Excel 函数

Excel 提供了众多的函数，除了常用函数以外，还提供了很多比较专业的函数，例如，财务和金融方面的函数等。

1. 简单的求和函数

使用求和函数可以在电子表格中对任意的单元格进行求和的操作。

操作方法：

（1）选中要使用函数的单元格，然后选择【公式】菜单选项卡，单击【函数库】组中的【自动求和】按钮 **Σ**，在弹出的下拉菜单中选择【求和】命令，如图 2-5 所示。

这时单元格自动将求和的范围填上，如图 2-6 所示。

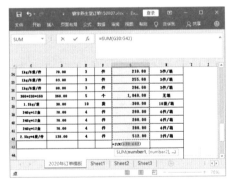

图 2-5 图 2-6

（2）如果不是求该列范围单元格的和，可以修改单元格的表示范围，也可以在按住 Ctrl 键的同时，用鼠标选择需要求和的单元格，如图 2-7 所示。

（3）选择完成后，按键盘上的 Enter 键，即可对单元格进行求和，如图 2-8 所示。

2. 其他函数的使用

Excel 提供了大量的内置函数以供用户调用，例如求最大值函数、求平均值函数、求和函数等。

图 2-7　　　　　　　　　　　　　　　　图 2-8

如要求一组数值中的平均数，可以使用 AVERAGE 函数。

操作方法：

（1）打开"置业顾问销控 2018.11.24.xlsx"工作簿。比如要查询别墅的销售单价，就选择要使用函数的单元格 E139:E146。

（2）然后选择【公式】菜单选项卡，单击【函数库】组中的【自动求和】按钮 Σ，在弹出的下拉菜单中选择【平均值】命令，如图 2-9 所示。

此时就会得到函数的计算结果，也就是别墅销售价格的平均价，如图 2-10 所示。

图 2-9

图 2-10

2.1.3　公式中常用的运算符号

公式中的运算符号负责指定公式元素的计算类型。共有算术（表 2-1）、比较（表 2-2）、文本（表 2-3）以及引用（表 2-4）4 种不同类型的运算符号。

其中，算术运算符用以执行基本的数学运算，例如：加、减、乘、除、百分比、次方、乘幂数字，以及产生数字结果，如表 2-1 所示。

表 2-1　算术运算符

算术运算符号	意义	范例
+（加号）	加法	5+8
－（减号）	减法	8-6
	负	-5
*（星号）	乘法	8*9
/（斜线）	除法	1/6
%（百分比符号）	百分比	50%
^（插入符号）	乘幂	3^2（相当于 3*3）

比较运算符：比较两个值，产生逻辑值 TRUE（真）或 FALSE（假）。

表 2-2　比较运算符

比较运算符	意义	范例
=（等号）	等于	A1=A2
>（大于符号）	大于	A1>A2
<（小于符号）	小于	A1<A2
>=（大于或等于符号）	大于或等于	A1>=A2
<=（小于或等于符号）	小于或等于	A1<=A2
<>（不等于符号）	不等于	A1<>A2

表 2-3　文本运算符

文本运算符	意义	范例
&（与）	连接或连接两个值，产生一个连续的文字值	"信息" & "科学" 产生 "信息科学"

表 2-4　引用运算符

引用运算符号	意义	范例
:（冒号）	区域运算符号，将一个引用地址扩大到两个引用地址之间的所有单元格	A1:B10
,（逗号）	联合运算符，可以将多个引用地址结合成一个引用地址	SUM（A1:B10,D1:D10）
（一个空格）	交叉运算符号，可以将一个引用地址扩大到两个引用地址的共同单元格	SUM（A2:E10 D1:D10）即 SUM（D2:D10）

2.1.4　引用单元格

引用的作用在于标识工作表上的单元格或单元格区域，并指明公式中所使用的数据的位置。通过引用，可以在公式中使用工作表不同部分的数据，或者在多个公式中使用同一个单元格的数值。还可以引用同一个工作簿中不同工作表上的单元格和其他工作簿中的数据。

引用单元格，就是在公式和函数中使用引用来表示单元格中的数据。使用单元格的引用，可以在公式中使用不同单元格中的数据，或在多个公式中使用同一个单元格中的数据。此时涉及单元格的坐标表示方法。

单元格的坐标是由列坐标 A、B、C、D… 和行坐标 1、2、3、4…所构成，例如单元格坐标 A1、B2、C3 等，这些坐标应用于复制和移动功能时，又称为相对引用，因为公式中的坐标会随着所在位置不同而改变。

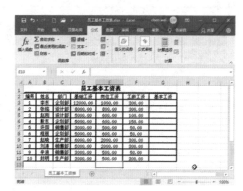

图 2-11

在单元格坐标前加上 "$" 符号，就变成绝对引用，例如 $D$2、$A$1、$C$3，这些单元格坐标在复制和移动时，坐标内容会保持不变。

下面分别对这两种引用进行说明。

接下来就以打开如图 2-11 所示的 "员工基本工资表 .xlsx" 为例进行讲解。

1. 相对引用

相对引用，就是指公式中的单元格位置将随着公式单元格的位置而改变。

操作方法：

（1）在如图 2-12 所示的单元格 G3 中输入公式：=SUM（D3：F3）（等价于 =D3+E3+F3），得到结果为 13300。

（2）若将 G3 中的公式复制到 G4 单元格，则 G4 单元格中显示的结果为 9100，如图 2-13 所示。此时编辑栏显示 G4 单元格中的公式为：=SUM（D4：F4）。

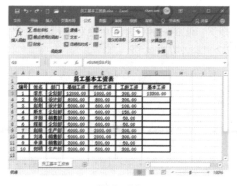

图 2-12

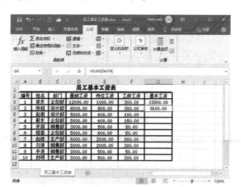

图 2-13

使用相对引用时，用字母表示列坐标（也称列标），数字表示行坐标（也称行号）。

2. 绝对引用

绝对引用，就是指公式和函数中的单元格位置是固定不变的。如果公式中的引用是绝对引用，那么不管公式被复制到哪个单元格中，公式的结果都不会改变。绝对引用是在列字母和行数字之前都加上美元符号【$】，如 $B2、$C2 等。

操作方法：

（1）例如，把图 2-12 中单元格 G3 的公式改为：=SUM（$D3：$F3），如图 2-14 所示。

（2）得到的结果为 13300，然后将该公式复制到单元格 G4 中，则 G4 单元格中显示结果仍为 13300，而此时编辑栏中显示 G4 单元格中的公式仍为：=SUM（$D3：$F3，如图 2-15 所示。

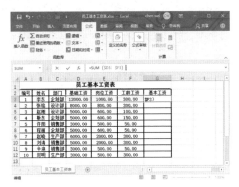

图 2-14   图 2-15

2.1.5 快速更改引用

鉴于初学者对单元格引用的 3 种方法没有很好地理解和掌握，有时会用错引用的方式，因此需要修改。此时可以使用快捷键来快速地在这 3 种引用中进行切换。

操作方法：

（1）选择需要改变引用的单元格。比如要改变的是 D1 单元格，其包含的公式是：=AVERAGE（D2:I2）。

（2）选中工作表编辑栏中的引用 D2:I2，按 F4 即可在相对引用、绝对引用和混合引用之间切换。即在 D2:I2 |$D$2:$I$2 | D$2:I$2 |$D2:$I2 间切换。

2.1.6 自动计算功能

求和是一般用户对数字最常处理的方式之一，Excel 提供了自动计算的功能，包括求和、平均值、计数、最大值、最小值等自动计算公式。只要选取要求和的单元格，然后选择相应的自动计算功能，如图 2-16 所示，便会进行自动计算。单击图中的【其他函数】，可以选择更多的函数进行自动计算。

接下来以自动求和来讲解如何使用自动计算功能。

操作方法：

（1）按住鼠标左键拖移，选择想要求和的单元格，如图 2-17 所示。

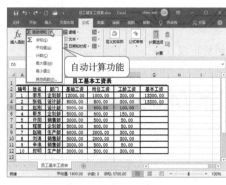

图 2-16

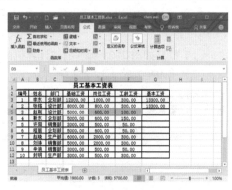

图 2-17

（2）单击【公式】菜单选项卡中的【函数库】段落中的【自动求和】命令按钮，就会显示求和结果，如图 2-18 所示。

（3）单击【自动求和】命令按钮右侧的向下箭头▾，则可以使用更多的自动计算功能，如图 2-19 所示。

（4）单击【其他函数】命令，打开【插入函数】对话框，可以选择更多的函数进行自动计算，如图 2-20 所示。

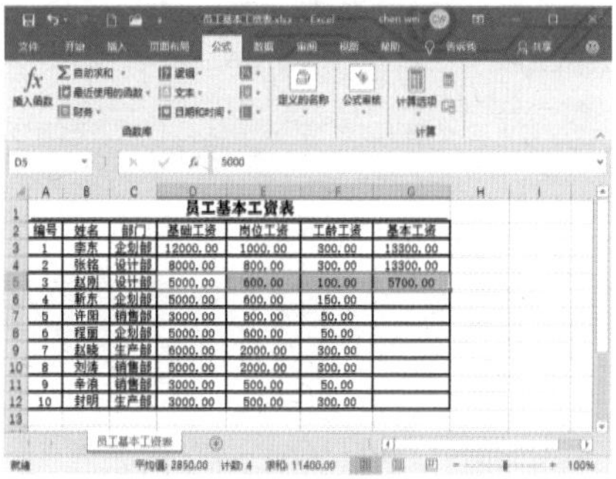

图 2-18

图 2-19

图 2-20

2.1.7　公式中的单元格坐标表示法

单元格的坐标是由列标 A、B、C、D…和行号 1、2、3、4…所构成，例如：单元格坐标 A1、B2、C3 等，这些坐标应用于复制和移动功能时，又称为相对坐标，因为公式中的坐标会随着所在位置不同而改变。在单元格坐标前加上"$"符号，就变成绝对坐标，例如：$D$2、$A$1、$C$3，这些单元格坐标在复制和移动时，坐标内容会保持不变。

该如何理解相对坐标和绝对坐标的变化呢？

操作方法：

（1）打开如图 2-21 所示的"计算机配件销售记录 .xlsx"工作表。

（2）单击单元格 E3，然后输入公式：=C2-$D$3，如图 2-22 所示。

图 2-21   图 2-22

（3）按 Enter 键，接着再单击单元格 E3，然后单击【开始】菜单选项卡的【剪贴板】段落中的【复制】命令按钮，如图 2-23 所示。

（4）单击单元格 E4，然后单击【开始】菜单选项卡的【剪贴板】段落中的【粘贴】命令按钮，结果如图 2-24 所示。

图 2-23   图 2-24

（5）复制完成后，单元格 E4 的内容为：=C2-$D$3，其中【$D$3】坐标不变，因为复制的位置往下移动一格，所以 C3 变成了 C4，若往右移动一格，则 C3 会变成 D3。

坐标的表示共有如表 2-5 所示的变化。

表 2-5

E3	表示为相对坐标
$E3	表示列标为绝对，行号为相对
E$3	表示列标为相对，行号为绝对
$E$3	表示为绝对坐标

2.1.8 将公式转化为文本格式

操作方法：

（1）选中需要粘贴的有公式的单元格，单击鼠标右键，选择【设置单元格格式】命令。

（2）在打开的对话框中选择【保护】选项卡，然后在【锁定】和【隐藏】两项选框中均打√，最后单击【确定】按钮。

（3）单击【审阅】|【保护】|【保护工作表】命令，在打开的【保护工作表】对话框中可以不用输入密码，直接单击【确定】即可。

2.2 使用【插入函数】对话框插入函数

Excel 的函数种类很多，为了让使用者输入函数更快速，可开启【插入函数】对话框，然后输入所要执行函数的说明，就会出现可以使用的函数供您选择。

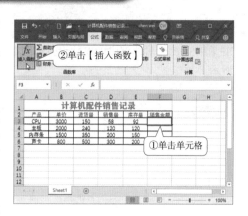

操作方法：

（1）单击想要插入函数的单元格，在这里选择单元格 F3，如图 2-25 所示。然后单击【公式】菜单选项卡的【函数库】段落中的【插入函数】命令按钮。

（2）打开如图 2-26 所示的【插入函数】对话框后，单击【或选择类别】右侧的下拉按钮。

图 2-25

（3）在【或选择类别】下拉列表中选择想要执行的函数类别，在这里选择【数学与三角函数】，如图 2-27 所示。

图 2-26　　　　　　　　　　　　　　　　图 2-27

（4）在【选择函数】列表框中单击选择【PRODUCT】，如图 2-28 所示，然后单击【确定】按钮。

（5）此时打开了【函数参数】对话框，如图 2-29 所示。

图 2-28

图 2-29

（6）按住 Ctrl 键，然后分别单击要进行乘法计算的单元格，在这里先后单击单元格 B3 和 D3，此时对话框中的参数设置如图 2-30 所示。最后单击【确定】按钮，结果如图 2-31 所示。

图 2-30

图 2-31

2.3 日期时间与逻辑函数应用

日期时间函数是用于计算有关日期与时间的函数，而逻辑函数则是用来做逻辑判断的，本节将以 MONTH、IF 两个函数来说明其使用方法。

2.3.1 日期与时间函数

与日期时间相关的函数很多，包括时、分、秒、日期和星期等，现以 MONTH（ ）函数为例，说明插入时间函数的操作方法。

语法：

MONTH（serial_number）

serial_number 为一个日期值，其中包含要查找年份的日期。

操作方法：

（1）单击想要插入函数的单元格，在这里选择单元格 D3，然后单击【公式】菜单选项卡的【函数库】段落中的【插入函数】命令按钮，如图 2-32 所示。

（2）出现【插入函数】对话框后，从【或选择类别】下拉菜单中选择日期与时间，在【选择函数】列表框中选择 MONTH，然后单击【确定】按钮，如图 2-33 所示。

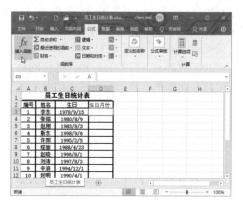

图 2-32

图 2-33

（3）接下来出现【函数参数】对话框，单击表中的单元格 C3，然后单击【确定】按钮，如图 2-34 所示。

（4）日期函数得出结果，如图 2-35 所示。

图 2-34

图 2-35

下面列举一些常用日期函数的用法。

（1）=TODAY( )

取当前的系统日期。

（2）=NOW( )

取当前系统日期和时间。

（3）=NOW( )–TODAY( )

计算当前是几点几分，也可以用 =MOD

(NOW(),1) 计算。

（4）=YEAR(TODAY( ))

取当前日期的年份。

（5）=MONTH(TODAY( ))

取当前日期的月份。

（6）=DAY(TODAY( ))

计算当前日期是几号。

（7）=WEEKDAY(TODAY( ),2)

计算今天是星期几。第二参数是 2，表示将星期一计算为 1，这样比较符合国人的习惯。也可以写成 =TEXT (TODAY( ),"aaa")

（8）EDATE(TODAY( ),1)

计算当前日期之后一个月的日期。如果第二参数写成 –1，就是计算当前日期之前 1 个月的日期。

（9）=EOMONTH(TODAY( ),1)

计算下个月最后一天的日期。如果第二参数写成 0，也就是 =EOMONTH (TODAY( ),0)，这样计算的是本月最后一天的日期。再用 =DAY(EOMONTH(TODAY( ),0)) 就可以计算出当前这个月一共有多少天了。

（10）=EOMONTH(TODAY( ),0)–TODAY( )

计算今天到本月底还有多少天。绿色部分是月底的日期，红色部分是今天的日期。

（11）=IF(COUNT(–"2–29"),"是","否")

计算今年是不是闰年。在 Excel 中如果输入【月 / 日】形式的日期，会默认按当前年份处理。

如果当前年份中没有 2 月 29 日，输入 "2–29" 就会作为文本处理。

如果当前年份没有 2 月 29 日，"2–29" 前面加上负号，就相当于在文本前加负号，会返回错误值 #VALUE!。再用 COUNT 函数判断 –"2–29" 是数值还是错误值，如果是错误值，当然就不是闰年了。

（12）="12–31"–"1–1"+1

计算今年有几天。

在 Excel 中如果输入【月 / 日】形式的日期，会默认按当前年份处理。"12–31"–"1–1" 就是用当前年的 12 月 31 日减去当前年的 1 月 1 日，再加上一天，就是全年的天数了。如果将公式写成：="2020–12–31"–"2020–1–1"，这样的话，公式有保质期，放到明年就不能用了。

（13）=WORKDAY(TODAY( ),1)

计算下个工作日是哪天。

（14）=DATEDIF("2020–2–28",TODAY( ),"m")

计算自 2020 年 2 月 28 日到今天有几个月。DATEDIF 函数在各个版本的函数帮助文件中都找不到它的身影，其用法是：

=DATEDIF(开始日期 , 结束日期 , 返回什么结果)

第三参数写 "m"，就是计算两个日期之间的整月数。

第三参数写成 "Y"，就是计算两个日期之间的整年数，这个在计算工龄的时候经常用到。

第三参数写成 "MD"，返回日期中天数的差，忽略日期中的月和年。

第三参数写成 "YM"，返回日期中月数的差，忽略日期中的日和年。

第三参数写成 "YD"，返回日期中天数的差，忽略日期中的年。

2.3.2 逻辑函数

逻辑函数 IF ( )，执行真假值判断，根据逻辑计算的真假值，返回不同的结果。可以使用函数 IF ( ) 对数值和公式进行条件检测。

语法：

IF（logical_test，value_if_true，value_if_false）

logical_test 表示计算结果为 TRUE 或 FALSE 的任意值或表达式。例如，A1=1 就是一个逻辑表达式。如果单元格 A1 中的值为 1，表达式即为 TRUE，否则为 FALSE。

value_if_true 表示 logical_test 为 TRUE 时返回的值。

value_if_false 表示 logical_test 为 FALSE 时返回的值。

操作方法：

移动光标选择想要插入函数的单元格 G3，然后在键盘上输入：

=IF(D3>=100," 好 "," 差 ")

最后按一下 Enter 键，如图 2-36 所示。

IF 函数有 3 个参数，第一个参数是条件，当条件为真时，结果为第 2 个参数内容；反之，当条件为假时，结果为第 3 个参数内容。

换句话说，单元格 D3 大于或等于 100，结果为"好"；反之，结果为"差"。若第 2 和第 3 个参数为数值时，则不须加引号，加上引号代表文本数据。

图 2-36

2.4　统计函数应用

在电子表格中最常用的函数莫过于统计函数了，尤其是求和、平均、最大值、最小值、标准偏差、次数分配等。这一节将分别介绍一些常用函数的应用技巧。

2.4.1　用 AVERAGE 函数计算平均值

在日常的工作中，有时需要为学生的成绩求平均值，这时就可以使用 AVERAGE（）函数，此函数将返回参数的平均值（算术平均值）。

语法：

AVERAGE（number1，number2…）

number1，number2，…为需要计算平均值的 1~30 个参数。

操作方法：

（1）单击想要插入函数的单元格，在这里选择单元格 B7，然后单击【公式】菜单选项卡的【函数库】段落中的【自动求和】命令下拉菜单中的【平均值】命令，如图 2-37 所示。

（2）拖动光标选择想要计算平均值函数的单元格，如图 2-38 所示。

图 2-37

图 2-38

（3）按下键盘上的 Enter 键，结果如图 2-39 所示。

注意：插入一个平均值函数后，可利用复制功能，将平均值函数复制到其他单元格上，而不必重复输入。

图 2-39

2.4.2 用 MAX 函数求最大值

除了可用【插入函数】按钮输入函数外，也可以直接在单元格上输入函数内容，而且此时 Excel 还会出现函数提示。

MAX 是计算最大值的函数，语法：

MAX（number1，number2，…）

number1，number2，…是要从中找出最大值的 1~30 个数字参数。

操作方法：

（1）单击想要输入函数的单元格 B8，然后从键盘上输入：=MAX（B3:B6），再按一下 Enter 键。B3:B6 代表单元格范围，如图 2-40 所示。

（2）输入 MAX 函数后，就会显示 B3:B6 之间的最大值 =3000，如图 2-41 所示。

图 2-40

图 2-41

另外，MIN 函数与 MAX 函数恰好相反，它是用来计算最小值的函数。

2.4.3 用 STDEV 函数计算标准差

标准偏差是统计分析时主要的参考资料，它的值代表一个集合个别的差异大小，标准偏差越大，表示个别差异越大。

以公式表示标准偏差如右：

$$\sqrt{\frac{\sum_{i=1}^{n}(x_i - \overline{x})^2}{n}}$$

一个集合中每一个数减去平均数后，将所得值平方的总和除以样本个数，最后将结果开根号，即为标准偏差。

而 Excel 的函数中，STDEV 就是用来计算标准偏差。

操作方法：

单击想要输入函数的单元格 B9，然后输入：=STDEV(B3:B6)，并按一下 Enter 键即可，如图 2-42 所示。

图 2-42

> **注意：** 标准偏差函数经常应用于成绩的计算上，标准偏差越小，表示测验成绩的个别差异极小，班上同学的程度相近。

2.4.4　用 FREQUENCY 函数计算次数分配

FREQUENCY 是频率、频次的意思，也可以说是发生的次数或次数分配。次数分配是许多问卷调查经常用到的统计方法。

用 Excel 怎样统计出学生成绩各分数段内的人数分布呢？其实，Excel 已经为用户提供了一个进行频度分析的 FREQUENCY 数组函数，它能让用户用一条数组公式就轻松地统计出各分数段的人数分布。例如，要统计出成绩区域内 0 ~ 100 每个分数段内的人数分布：

操作方法：

（1）打开"学生成绩范围统计表.xlsx"工作表，然后在最右侧插入一列标题为"各个范围段分布的人数"的 L 列。

（2）单击想要插入次数分配函数的单元格 L4，然后单击【公式】菜单选项卡的【函数库】段落中的【插入函数】命令按钮，如图 2-43 所示。

图 2-43

（3）出现【插入函数】对话框后，从【或选择类别】下拉菜单中选择【统计】，然后在【选择函数】列表框中选择 FREQUENCY，最后单击【确定】按钮，如图 2-44 所示。

（4）出现【函数参数】对话框后，在 Data_array 栏（数据区）输入第一题的数据范围，在 Bins_array 栏（选项区）输入选项内容的范围（请输入绝对坐标，以便在步骤（5）复制单元格时，使选项坐标位置不变），最后单击【确定】按钮，如图 2-45 所示。

图 2-44

（5）利用 Excel 的自动填充功能，单击选择单元格 L4，将鼠标放置在 L4 单元格右下角，当出现十字形时，按住鼠标左键不放，向下拖动鼠标到单元格 L14，

松开鼠标。最后统计结果如图 2-46 所示。

图 2-45

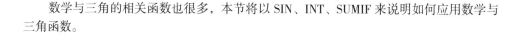

图 2-46

2.5 数学与三角函数应用

数学与三角的相关函数也很多，本节将以 SIN、INT、SUMIF 来说明如何应用数学与三角函数。

2.5.1 SIN 正弦函数

SIN 函数是三角函数的一种，计算数学公式时，经常会用到此函数。假如您还没忘记初中的数学，一定还记得 SIN30° =0.5，SIN90° =1，其中角度是以经度表示，在 Excel 中则以弧度来表示，转换的方式如下：

弧度＝经度 ×PI÷180

操作方法：

（1）单击想要输入函数的单元格 B1，然后输入：=SIN(A1*PI()/180)，按 Enter 键，如图 2-47 所示。

（2）利用 Excel 的自动填充功能，单击选择单元格 B1，将鼠标放置在 B1 单元格右下角，当出现十字形时，按住鼠标左键不放，向下拖动鼠标到单元格 B5，松开鼠标。最后计算结果如图 2-48 所示。

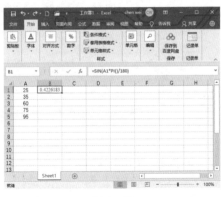
图 2-47

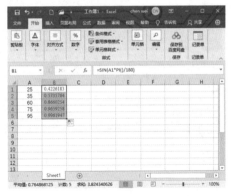
图 2-48

参数中的 A1 为含有经度数据的单元格，PI() 为产生 p 值的函数。

2.5.2　用 INT 取整数

假如只是利用格式菜单中的单元格功能，虽然可将数值设定为整数格式，但该数值仍会保留小数部分，所以单元格中的数值若只是利用格式设定为整数，在汇总计算时，会将所有小数部分汇总而产生误差，而整数函数可以把含有小数的数值转换为整数。

操作方法：

（1）单击想要产生整数数据的单元格 B1，然后输入：=INT(A1)，如图 2-49 所示。

（2）按 Enter 键，结果如图 2-50 所示。

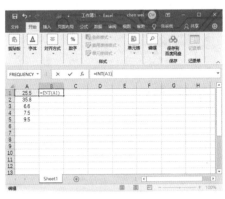
图 2-49

图 2-50

（3）利用 Excel 的自动填充功能将剩余单元格数据取整。单击选择单元格 B1，将鼠标放置在 B1 单元格右下角，当出现十字形时，按住鼠标左键不放，向下拖动鼠标到单元格 B5，松开鼠标。最后计算结果如图 2-51 所示。

INT 函数会将小数点以下的数值无条件舍去，只留下整数数值，但在很多情况下，因为单元格数字小数位数设定的关系，还要从格式菜单中选择单元格，出现单元格格式窗口后，在类别列表中设定为数值，并在小数位数栏输入 0 后单击【确定】按钮即可，如图 2-52 所示。

图 2-51　　　　　　　　　　　　　图 2-52

2.5.3　用 SUMIF 计算有条件的总和

SUMIF 函数是用于计算其满足一定条件的全部参数的总量。条件可以是单一的，也可以是多个复杂的条件。

语法：SUMIF(求和区域 , 条件区域 1, 条件 1, 条件区域 2, 条件 2)

操作方法：

（1）打开"销售业绩统计 .xlsx"工作表，单击想要插入函数的单元格 B8，然后输入：

=SUMIF(B2:B7，"A"，C2:C7)

如图 2-53 所示。

（2）按 Enter 键，结果如图 2-54 所示。

图 2-53　　　　　　　　　　　　　图 2-54

本例中，判断条件范围是业绩得分列，判断条件是"A"，表示业绩得分的值为 A，计算结束后，符合条件的有 2 个，其总计为 1050。

2.5.4　用 SUMIFS 进行多条件求和

上一节讲的是单条件求和，那么如果有多条件怎么求和呢？如图 2-55 所示表格（参见“各门店 7 月销量统计表 .xlsx”），第一个条件是部门，第二个条件是产品名称，必须满足这两个条件进行求和。

语法：SUMIFS(求和区域 , 条件区域 1, 条件 1, 条件区域 2, 条件 2)

公式：=SUMIFS(D:D,A:A,F3,B:B,G3)

操作方法：

（1）打开“各门店 7 月销量统计表 .xlsx”。

（2）在 F~H 列新建如图 2-56 所示表格。

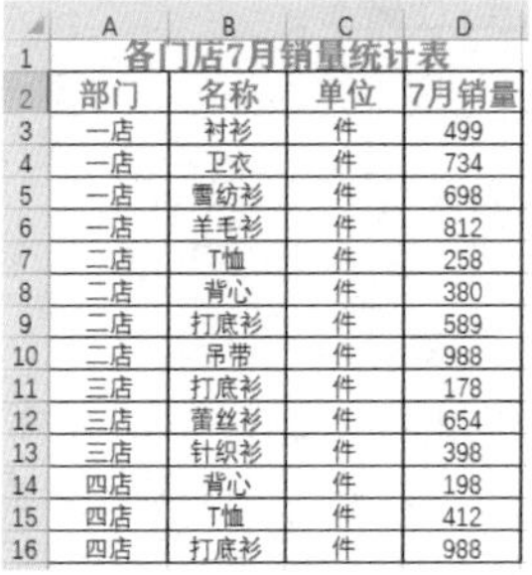

各门店7月销量统计表

部门	名称	单位	7月销量
一店	衬衫	件	499
一店	卫衣	件	734
一店	雪纺衫	件	698
一店	羊毛衫	件	812
二店	T恤	件	258
二店	背心	件	380
二店	打底衫	件	589
二店	吊带	件	988
三店	打底衫	件	178
三店	蕾丝衫	件	654
三店	针织衫	件	398
四店	背心	件	198
四店	T恤	件	412
四店	打底衫	件	988

图 2-55

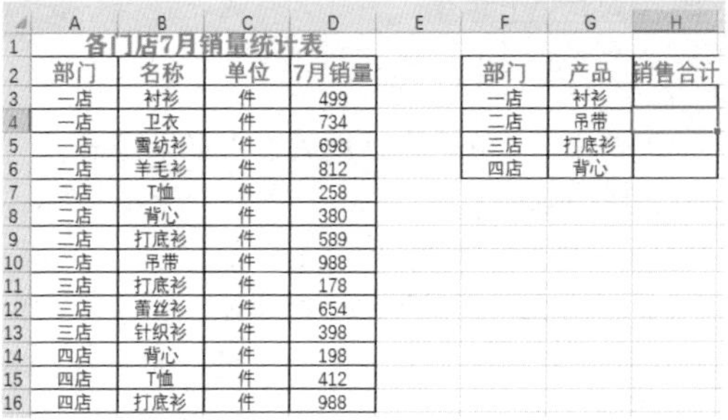

各门店7月销量统计表

部门	名称	单位	7月销量
一店	衬衫	件	499
一店	卫衣	件	734
一店	雪纺衫	件	698
一店	羊毛衫	件	812
二店	T恤	件	258
二店	背心	件	380
二店	打底衫	件	589
二店	吊带	件	988
三店	打底衫	件	178
三店	蕾丝衫	件	654
三店	针织衫	件	398
四店	背心	件	198
四店	T恤	件	412
四店	打底衫	件	988

部门	产品	销售合计
一店	衬衫	
二店	吊带	
三店	打底衫	
四店	背心	

图 2-56

（3）单击 H3 单元格，然后输入如下公式：

=SUMIFS(D:D,A:A,F3,B:B,G3)

按 Enter 键，结果如图 2-57 所示。

（4）利用 Excel 的自动填充功能，单击 H3 单元格后，将鼠标放置在 H3 单元格右下角，当出现十字形时，单击鼠标左键，向下拖动至 H6 单元格，松开鼠标左键后，H4：H6 自动显示数据，如图 2-58 所示。

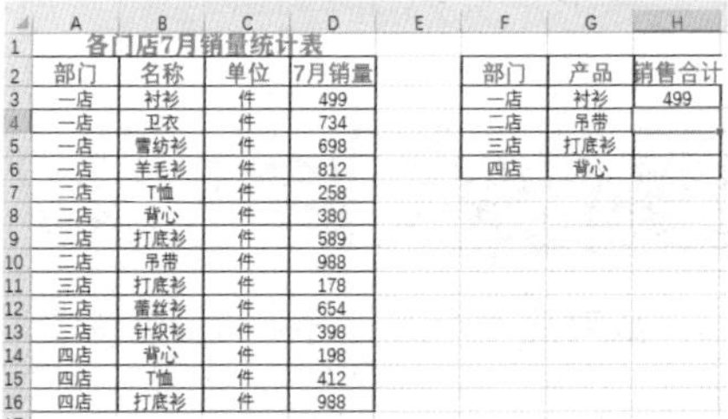

各门店7月销量统计表

部门	名称	单位	7月销量
一店	衬衫	件	499
一店	卫衣	件	734
一店	雪纺衫	件	698
一店	羊毛衫	件	812
二店	T恤	件	258
二店	背心	件	380
二店	打底衫	件	589
二店	吊带	件	988
三店	打底衫	件	178
三店	蕾丝衫	件	654
三店	针织衫	件	398
四店	背心	件	198
四店	T恤	件	412
四店	打底衫	件	988

部门	产品	销售合计
一店	衬衫	499
二店	吊带	
三店	打底衫	
四店	背心	

图 2-57

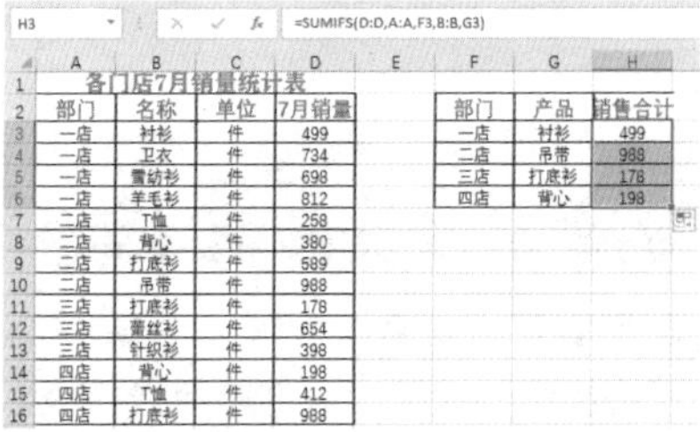

各门店7月销量统计表

部门	名称	单位	7月销量
一店	衬衫	件	499
一店	卫衣	件	734
一店	雪纺衫	件	698
一店	羊毛衫	件	812
二店	T恤	件	258
二店	背心	件	380
二店	打底衫	件	589
二店	吊带	件	988
三店	打底衫	件	178
三店	蕾丝衫	件	654
三店	针织衫	件	398
四店	背心	件	198
四店	T恤	件	412
四店	打底衫	件	988

部门	产品	销售合计
一店	衬衫	499
二店	吊带	988
三店	打底衫	178
四店	背心	198

图 2-58

2.5.5　用 SUMIF 进行满足条件求和

如图 2-59 所示，在这里希望计算出大于 200 的所有数值和，和小于 200 的所有数值和。

公式：=SUMIF(D:D,F3)

公式中因为条件区域和求和区域是一样的，所以省略了第 3 个参数条件区域。

操作方法：

（1）打开“各门店 7 月销量统计表 .xlsx”。

（2）在 F~H 列新建如图 2-60 所示表格。

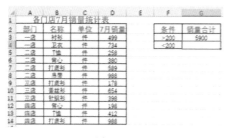

图 2-59

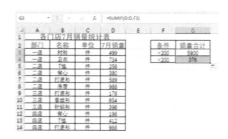

图 2-60

（3）单击 G3 单元格，然后输入如下公式：

=SUMIF(D:D,F3)

按 Enter 键，结果如图 2-61 所示。

（4）利用 Excel 的自动填充功能，单击 G3 单元格后，将鼠标放置在 G3 单元格右下角，当出现十字形时，单击鼠标左键，向下拖动至 G4 单元格，松开鼠标左键后，G4 自动显示数据，如图 2-62 所示。

图 2-61

图 2-62

2.6 查看与参照函数应用

利用查看与参照函数可以将单元格的资料转换成对照表中的资料，利用此特性，可以快速将成绩、业绩等数据转换成等级。

2.6.1 用 HLOOKUP 水平查表

查表函数有水平查表 HLOOKUP、垂直查表 VLOOKUP 和查表 LOOKUP 三种。在这里以 HLOOKUP 水平查表函数为例进行讲解。

操作方法：

（1）输入查询表，包括数值表和对照表，并设置相关的格式，保存为"学生成绩查询表 .xlsx"，如图 2-63 所示。

（2）单击想要插入函数的单元格 J4，然后输入公式：

=HLOOKUP(F4,$B$15:$F$16,2)

如图 2-64 所示。

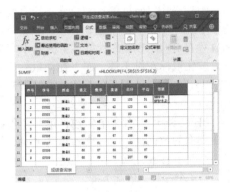

图 2-63　　　　　　　　　　　　　图 2-64

（3）按 Enter 键，结果如图 2-65 所示。

（4）利用 Excel 的自动填充功能查询剩余单元格的等第。单击选择单元格 J4，将鼠标放置在 J4 单元格右下角，当出现十字形时，按住鼠标左键不放，向下拖动鼠标到单元格 J12，松开鼠标。最后的查询结果如图 2-66 所示。

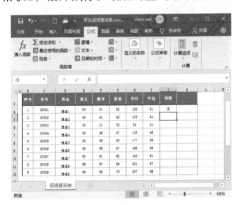
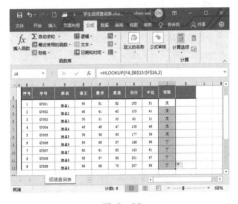

图 2-65　　　　　　　　　　　　　图 2-66

HLOOKUP 有三个参数，第一个参数为想要查询的数据；第二个参数为查询对照表的位置范围，通常以绝对坐标表示，以便于复制公式到其他单元格；第三个参数为欲传回的数据在查询表中的第几列，2 代表第二列。

2.6.2　用 CHOOSE 查询

CHOOSE 函数是另一种查询数据的方法，只是这种方式的查询数值固定为 1、2、3…，并不像前面的 HLOOKUP 查表函数，所查询为某一数值范围。

操作方法：

（1）单击要插入函数的单元格 B1，然后在键盘上输入公式：=CHOOSE(A1,"金","木",

"水"，"火"，"土"），如图 2-67 所示。

（2）按 Enter 键，结果如图 2-68 所示。

（3）利用 Excel 的自动填充功能查询剩余单元格的等第。单击选择单元格 B1，将鼠标放置在 B1 单元格右下角，当出现十字形时，按住鼠标左键不放，向下拖动鼠标到单元格 B5，松开鼠标。最后的查询结果如图 2-69 所示。

CHOOSE 可以有多个参数，第一个参数是要查询的数据，当第一个参数为 1 时，结果为第 2 个参数，第一个参数为 3 时，则结果为第 4 个参数，依此类推。

图 2-67

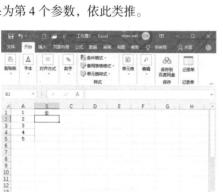

图 2-68

图 2-69

2.7 数据库函数应用

在 Excel 工作表中，有一类函数称为数据库函数，也被称为 D 函数。数据库函数是用来筛选数据库的函数，并依函数特性，做想要的计算动作，共计有 12 个，但常用的有 7 个，用 DAVERAGE 计算平均值、用 DMAX 计算最大值、用 DCOUNT 计算个数……等函数。接下来就来了解和学习这 7 个数据库函数。

2.7.1 用 DAVERAGE 计算平均值

功能：计算给定条件的列表或数据库的列中数值的平均值。

语法结构：=DAVERAGE（数据库区域，返回值所在的相对列数（列标题的相对引用、列标题），条件区域）。

注意事项：

·参数"数据库区域"和"条件区域"必须包含有效的列标题。

· 第二个参数用 "列标题" 作为返回依据时，其值必须包含在 ""（英文双引号）中，如 "月薪" "婚姻" 等。

应用数据库函数来筛选数据，可以有多个筛选条件，DAVERAGE 是筛选数据后，计算平均数的函数。

操作方法：

（1）打开 "学生成绩 1.xlsx"。

（2）选择想要插入函数的单元格，然后输入公式：

=DAVERAGE(A1:D6,C1,E1:E2)

如图 2-70 所示。

（3）按 Enter 键，结果如图 2-71 所示。

 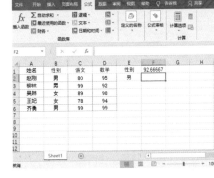

图 2-70　　　　　　　　　　　　　　图 2-71

使用 DAVERAGE 函数前，必须先建立数据库及筛选条件，筛选条件的字段名称必须和数据库相同，筛选条件的第二列则输入想要的条件。

DAVERAGE 函数有三个参数，第一个参数是数据库所在的单元格范围；第二个参数是筛选数据后想要计算平均值的字段；第三个参数是筛选条件所在的单元格范围。

本例中，筛选条件：性别为男，符合条件的有 3 位（赵刚、柳林、齐勇），其语文成绩的平均分为 92.66667。

2.7.2　用 DCOUNT 计算个数

DCOUNT 是用来计算筛选数据库后数据个数的函数。

语法结构：=DCOUNT（数据库区域，返回值所在的相对列数（列标题的相对引用、列标题），条件区域）。

注意事项：

· 参数 "数据库区域" 和 "条件区域" 必须包含有效的列标题。

· 第二个参数用 "列标题" 作为返回依据时，其值必须包含在 ""（英文双引号）中，如 "月薪" "婚姻" "成绩" 等。

操作方法：

（1）打开 "学生成绩 1.xlsx"。

（2）单击要插入函数的单元格，然后输入公式：

=DCOUNT(A1:D6,C1,E1:E2)

如图 2-72 所示。

（3）按 Enter 键，结果如图 2-73 所示。

图 2-72

图 2-73

DCOUNT 函数有三个参数，第一个参数是数据库所在的单元格范围；第二个参数是筛选数据后想要计算个数的字段；第三个参数是筛选条件所在的单元格范围。

本例中，数据库的范围为 A1:D6，筛选条件范围为 E1:E2，筛选条件：性别为男，符合条件的有 3 位（赵刚、柳林、齐勇）。

2.7.3 用 DSUM 求和

DSUM 函数的功能是求满足给定条件的数据库中记录的字段（列）数据的和。

语法结构：=DSUM（数据库区域，返回值所在的相对列数（列标题的相对引用、列标题），条件区域）。

注意事项：

·参数"数据库区域"和"条件区域"必须包含有效的列标题。

·第二个参数用"列标题"作为返回依据时，其值必须包含在""（英文双引号）中，如"月薪""婚姻"等。

1. 单字段单条件求和

比如，根据"性别"统计"月薪"。

操作方法：

在目标单元格中输入公式：=DSUM(C2:G12," 月薪 ",I2:I3)。

（1）参数"数据库区域"和"条件区域"，即第一个参数和第三个参数，必须包含列标题，C2:G12、I2:I3，而不是C3:G12、I3。

（2）第二个参数"返回值相对的列数（列标题的相对引用、列标题）"，除了用"月薪"外，还可以使用 G2 或 5，因为"月薪"在 G2 单元格，在 C2:G12 的数据库区域中，"月薪"处于第 5 列。在实际的应用中，完全根据自己的爱好选择。

（3）单字段单条件求和相当于用单条件 SUMIF 求和，公式为：=SUMIF(D3:D12,I3,G3:G12)。

2. 单字段多条件求和

比如，一次性统计学历为"大本""大专""中专"的员工"月薪"。

操作方法：

在目标单元格中输入公式：=DSUM (F2:G12,2,I2:I5)。

（1）第二个参数用"2"不用"5"的原因在于数据库区域发生了变化，现在的数据库区域为 F2:G12，而要返回的"月薪"处于当前区域的第 2 列。

（2）上述功能也可以用 SUM+SUMIF 数组组合公式来实现，公式为：=SUM (SUMIF(F3:F12,{"大本","大专","中专"},G3:G12))。

3. 多字段单条件求和

比如，根据"性别"，统计相应"学历"的"月薪"。

操作方法：

在目标单元格中输入公式：=DSUM (D2:G12,G2,I2:J3)。

（1）要返回的值也可以用返回列的列标题单元格地址表示；"条件区域"除了单列（单字段）外，也可以是多列（多字段），只需将具体的条件值和列标题包含在范围内即可。

（2）DSUM 函数的多字段单条件求和相当于多条件求和函数 SUMIFS，公式为：=SUMIFS(G3:G12,D3:D12,I3,F3:F12,J3)。

4. 多字段多条件求和

比如，按年龄段统计学历为"大本""大专""中专"的"月薪"。

操作方法：

在目标单元格中输入公式：=DSUM(C2:G12,"月薪",I2:J5)。

上述功能也可以用 SUM+SUMIFS 数组组合公式来实现，公式为：

=SUM(SUMIFS(G3:G12,C3:C12,I3,F3:F12,{"大本","大专","中专"}))。

2.7.4　用 DCOUNTA 求和

DCOUNTA 函数对满足指定条件的数据库中记录字段（列）的非空单元格进行计数。

语法结构：=DCOUNTA（数据库区域，返回值所在的相对列数（列标题的相对引用、列标题），条件区域）。

注意事项：

·参数"数据库区域"和"条件区域"必须包含有效的列标题。

·第二个参数用"列标题"作为返回依据时，其值必须包含在""（英文双引号）中，如"月薪""婚姻"等。

比如，根据需求统计非空单元格的个数。

操作方法：

在目标单元格中输入公式：

=DCOUNTA(D2:F12,"性别",I2:I3)

=DCOUNTA(F2:F12,1,I4:I7)

=DCOUNTA(D2:F12,F2,I8:J9)

=DCOUNTA(C2:F12,"学历",I10:J12)

（1）公式 =DCOUNTA(D2:F12,"性别",I2:I3) 为单字段单条件计数，目的为根据"性别"统计人数；=DCOUNTA (F2:F12,1,I4:I7) 为单字段多条件计数，目的为统计学历为"大本""大专""中专"的人数；=DCOUNTA(D2:F12,F2,I8:J9) 为多字段单条件计数，目的为根据"性别"统计相应"学历"的人数；=DCOUNTA(C2:F12,"学历",I10:J12) 为多字段多条件计数，目的为统计相应"年龄"段，学历为"大本"、"大专"的人数。

（2）由于 DCOUNTA 函数的统计对象为文本，所以第二个参数必须为"数据库区域"中的文本列。

2.7.5 用 DGET 求和

DGET 函数是用来从数据库中提取符合指定条件且唯一存在的记录。

语法结构：=DGET（数据库区域，返回值所在的相对列数（列标题的相对引用、列标题），条件区域）。

注意事项：

· 参数"数据库区域"和"条件区域"必须包含有效的列标题。

· 第二个参数用"列标题"作为返回依据时，其值必须包含在""（英文双引号）中，如"月薪""成绩""婚姻"等。

1. 正向（单条件）查询

比如，根据"员工姓名"查询对应的"月薪"。

操作方法：

在目标单元格中输入公式：=DGET(B2:G12," 月薪 ",I2:I3)。

DGET 函数为查询引用函数，上述功能也可以用函数 LOOKUP 或 VLOOKUP 等实现。

2. 反向查询

比如，根据"员工姓名"查询对应的编号（No）。

操作方法：

在目标单元格中输入公式：=DGET

(A2:B12,"No",I2:I3)。

根据需求填写对应的参数范围即可。

3. 多条件查询

比如，根据"婚姻"状况查询员工的"月薪"。

操作方法：

在目标单元格中输入公式：

=DGET(B2:G12," 月薪 ",I2:J3)

4. 精准查询

比如，查询"齐勇"的"月薪"。

操作方法：

在目标单元格中输入公式：

=DGET(B2:G12," 月薪 ",I2:I3)

（1）分析公式，并不存在错误，但返回错误代码 #NUM！，分析原因是因为查询值"齐勇"不唯一，存在多条符合条件的记录，为什么呢？这是因为 DGET 函数默认在"查询条件"的后面带有通配符，条件"齐勇"相对于"齐勇 *"，分析数据源，员工中除了"齐勇"之外，还有"齐勇 –1"，再用 DGET 函数时，这两个条件是相同的，所以返回 #NUM！

（2）为了达到"精准"一对一的查询，只需在条件的前面添加等号（=）即可。

2.7.6 用 DMAX 查询最大值

DMAX 函数是返回满足给定条件的数据库中记录的字段（列）中数据的最大值。

语法结构：=DMAX（数据库区域，返回值所在的相对列数（列标题的相对引用、列标题），条件区域）。

注意事项：

· 参数"数据库区域"和"条件区域"必须包含有效的列标题。

· 第二个参数用"列标题"作为返回依据时，其值必须包含在""（英文双引

号）中，如"月薪""婚姻"等。

比如，根据需求查询最高"月薪"。

操作方法：

在目标单元格中输入公式：

=DMAX(D2:G12," 月薪 ",I2:I3)

=DMAX(F2:G12,2,I4:I7)

=DMAX(C2:G12,G2,I8:J9)

=DMAX(C2:G12," 月薪 ",I10:J12)

公式 =DMAX(D2:G12," 月薪 ",I2:I3) 为单字段单条件，目的为根据"性别"计算

最高"月薪"；=DMAX(F2:G12,2,I4:I7) 为单字段多条件，目的为统计"学历"为"大本""大专""中专"中的最高"月薪"；=DMAX(C2:G12,G2,I8:J9) 为多字段单条件，目的为按照"性别"统计相应"学历"

下的最高"月薪"；=DMAX(C2:G12," 月薪 ",I10:J12) 为多字段多条件，目的为统计指定"年龄"范围下相应"学历"的最高"月薪"。

2.7.7 用 DMIN 查询最小值

DMIN 函数用于返回满足给定条件的数据库中记录的字段（列）中数据的最小值。

语法结构：=DMIN（数据库区域，返回值所在的相对列数（列标题的相对引用、列标题），条件区域）。

注意事项：

·参数"数据库区域"和"条件区域"必须包含有效的列标题。

·第二个参数用"列标题"作为返回依据时，其值必须包含在""（英文双引号）中，如"月薪""成绩""婚姻"等。

比如，根据需求查询最低"月薪"。
操作方法：
在目标单元格中输入公式：

=DMIN(D2:G12," 月薪 ",I2:I3)

=DMIN(F2:G12,2,I4:I7)

=DMIN(C2:G12,G2,I8:J9)

=DMIN(C2:G12," 月薪 ",I10:I12)

公 式 =DMAX(D2:G12," 月 薪 ",I2:I3) 为单字段单条件，目的为根据"性别"计算最低"月薪"；=DMAX(F2:G12,2,I4:I7) 为单字段多条件，目的为统计"学历"为"大本""大专""中专"中的最低"月薪"；=DMAX(C2:G12,G2,I8:J9) 为多字段单条件，目的为按照"性别"统计相应"学历"下的最低"月薪"；=DMAX(C2:G12," 月薪 ",I10:J12) 为多字段多条件，目的为统计指定"年龄"范围下相应"学历"的最低"月薪"。

2.8 货币时间价值函数应用

Excel 提供了有关年金现值、年金终值、年金、利率、期数等货币的时间价值函数，可以方便地在模型中直接加以应用，下面讨论它们的语法和具体使用。

首先说明关于货币时间价值函数的参数：

Rate：为各期利率，是一固定值。

Nper：为总投资（或贷款）期，即该项投资（或贷款）的付款期总数。

Pmt：为各期所应付给（或得到）的金额，即年金。其数值在整个投资期内保持不变。通常 pmt 包括本金和利息，但不包括其他费用及税款。

Pv：为现值，即从该项投资（或贷款）开始计算时已经入账的款项，或一系列未来付款当前值的累积和，也称为本金。如果省略 Pv，则假设其值为零。

Fv：为未来值，或在最后一次支付后希望得到的现金余额，如果省略 Fv，则假设其值为零（一笔贷款的未来值即为零）。例如，如果需要在 18 年后支付 $50,000，则 $50,000 就是未来值。

Type：数字 0 或 1，用以指定各期的付款时间是在期初还是期末。如果省略 Type，则假设其值为零，支付时间是在期末。

> **提示：** 应确认所指定的 rate 和 nper 单位的一致性。例如，同样是四年期年利率为 12% 的贷款，如果按月支付，rate 应为 12%/12，nper 应为 4*12；如果按年支付，rate 应为 12%，nper 为 4。

在所有参数中，支出的款项，如银行存款，表示为负数；收入的款项，如股息收入，表示为正数。

2.8.1 用 PMT 函数计算贷款本息返还

PMT 是专门用来计算银行贷款每月返还本息的函数。

操作方法：

（1）打开"汽车贷款分期偿还金额分析表 .xlsx"工作表。

（2）选择想要插入函数的单元格，然后输入公式：

=PMT(A6/12,$B$3*12,$B$2)

如图 2–74 所示。

（3）按 Enter 键，结果如图 2–75 所示。

图 2–74   图 2–75

PMT 函数有三个参数，第一个参数为每月利率，若为年利率，则需除以 12；第二个参数为返还的期数，若为 10 年，则返还期数为 10*12；第三个参数为贷款本金。

用户可以使用这个函数，计算各种贷款利率的每月返还金额。

2.8.2 用 FV 函数计算存款本利和

FV 函数是基于固定利率及等额分期付款方式，返回某项投资的未来值。

语法：FV（rate，nper，pmt，pv，type）

例如：

FV（0.5%，10，–200，–500，1）= \$2581.40

FV（1%，12，-1000）= $12，682.50

FV（11%/12，35，-2000，，1）= $82，846.25

假设需要为一年后的某个项目预筹资金，现在将 $1000 以年利 6%，按月计息（月利 6%/12 或 0.5%）存入储蓄存款账户，并在以后 12 个月的每个月初存入 $100，则一年后该账户的存款额等于：

FV（0.5%，12，-100，-1000，1）= $2301.40

操作方法：

（1）选择想要插入函数的单元格 B6，然后输入公式：

=FV(A6/12,$B$3,$B$2)"

如图 2-76 所示。

（2）按 Enter 键，结果如图 2-77 所示。

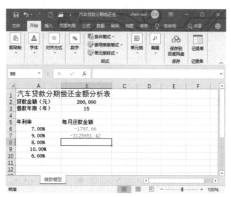

图 2-76   图 2-77

FV 函数有三个参数，第一个参数为每月利率，若为年利率则需除以 12；第二个参数为存款期数；第三个参数为每月存款金额。

应用这个函数不但可用来计算各种利率的获利能力，同时也可以和当前的利率相比较。

2.8.3 年金现值函数 PV

功能：返回投资的现值。现值为一系列未来付款当前值的累积之和。

语法：PV（rate，nper，pmt，fv，type）

例如：

假设要购买一项保险年金，该保险可以在今后 20 年内于每月末回报 $500。此项年金的购买成本为 $60，000，假定投资回报率为 8%。现在可以通过函数 PV 计算一下这笔投资是否值得。该项年金的现值为：

PV（0.08/12，12*20，500，，0）= -$59，777.15

结果为负值，因为这是一笔付款，亦即支出现金流。年金（$59，777.15）的现值小于实际支付的（$60，000）。因此，这不是一项合算的投资。

2.8.4 年金函数 PMT

PMT 函数是基于固定利率及等额分期付款方式,返回投资或贷款的每期付款额,即年金。

语法:PMT(rate, nper, pv, fv, type)

例如:

下面的公式将返回需要 10 个月付清的年利率为 8% 的 $10000 贷款的月支付额:

PMT(8%/12, 10, 10000)=-$1,037.03

对于同一笔贷款,如果支付期限在每期的期初,支付额应为:

PMT(8%/12, 10, 10000, 0, 1)= -$1,030.16

如果以 12% 的利率贷出 $5000,并希望对方在 5 个月内还清,下列公式将返回每月所得款数:

PMT(12%/12, 5, -5000)=$1,030.20

如果需要以按月定额存款方式在 18 年中存款 $50,000,假设存款年利率为 6%,则函数 PMT 可以用来计算月存款额:

PMT(6%/12, 18*12, 0, 50000)= -$129.08

即向 6% 的存款账户中每月存入 $129.08,18 年后可获得 $50,000。

> **提示:** 一笔款项的总支付额 = PMT( )返回值 *nper。

2.8.5 年金中的本金函数 PPMT

PPMT 函数是基于固定利率及等额分期付款方式,返回投资或贷款的每期付款额中所含的本金部分。

语法:PPMT(rate, per, nper, pv, fv, type)

例如:

下列公式将返回 $2000 的年利率为 10% 的两年期贷款的第一个月的本金支付额:

PPMT(10%/12, 1, 24, 2000)=-$75.62

下面的公式将返回 $200000 的年利率为 8% 的十年期贷款的最后一年的本金支付额:

PPMT(8%, 10, 10, 200000)=-$27,598.05

2.8.6 年金中的利息函数 IPMT

IPMT 函数是基于固定利率及等额分期付款方式,返回投资或贷款的每期付款额中所含的利息部分。

语法:IPMT(rate, per, nper, pv, fv, type)

例如:

下面的公式可以计算出三年期,本金 $8000,年利 10% 的银行贷款的第一个月的利息:

IPMT(0.1/12, 1, 36, 8000)= -$66.67。

下面的公式可以计算出三年期,本金 $8000,年利 10% 且按年支付的银行贷款的第三年的利息:

IPMT(0.1, 3, 3, 8000)= -$292.45。

以上三个函数之间存在着以下关系:

PMT( ) = PPMT( )+IPMT( )

2.8.7　期数函数 NPER

NPER 函数是基于固定利率及等额分期付款方式，返回某项投资（或贷款）的总期数。

语法：NPER（rate，pmt，pv，fv，type）
例如：

金额为 36，000 元的贷款，年利率为 8%，每年年末支付金额为 9016 元，计算需要多少年支付完。

计算公式为：NPER（8%，9016，-36000）=5（年）

2.8.8　利率函数 RATE

RATE 函数是返回年金的各期利率，它通过迭代法计算得出，并且可能无解或有多个解。如果在进行 20 次迭代计算后，函数 RATE 的相邻两次结果没有收敛于 0.0000001，函数 RATE 返回错误值 #NUM！。

语法：RATE（nper，pmt，pv，fv，type，guess）

参数 Guess 为预期利率（估计值）。如果省略预期利率，则假设该值为 10%。

如果函数 RATE（）不收敛，需改变 guess 的值，再试。通常当 guess 位于 0 和 1 之间时，函数 RATE（）是收敛的。

例如：

金额为 \$8000 的 4 年期贷款，月支付额为 \$200，该笔贷款的利率为：

RATE（48，-200，8000）=0.77%

因为按月计息，所以结果为月利率，年利率为 0.77%*12，等于 9.24%。

2.8.9　CUMPRINC 函数

CUMPRINC 函数是返回一笔贷款在给定的 start-period 到 end-period 期间累计偿还的本金数额。

语法：CUMPRINC（rate，nper，pv，start_period，end_period，type）

start_period：为计算中的首期，付款期数从 1 开始计数。

end_period：为计算中的末期。

例如：

一笔住房抵押贷款的交易情况如下：

年利率，9.00%（ rate=9.00%/12= 0.0075）

期限，30 年（nper=30*12=360）

现值，\$125，000

该笔贷款在第二年偿还的全部本金之和（第 13 期到第 24 期）为：

CUMPRINC（0.0075，360，125000，13，24，0）=-934.1071

该笔贷款在第一个月偿还的本金为：

CUMPRINC（0.0075，360，125000，1，1，0）=-68.27827

2.8.10　CUMIPMT 函数

CUMIPMT 函数是返回一笔贷款在给定的 start-period 到 end-period 期间累计偿还的利息数额。

语法：CUMIPMT（rate，nper，pv，

start_period，end_period，type）

例如：

一笔住房抵押贷款的交易情况如下：

年利率，9.00%（rate ＝ 9.00%/12 ＝

0.0075）

期限，30 年（nper=30*12=360）

现值，$125，000

该笔贷款在第二年中所付的总利息（第 13 期到第 24 期）为：

CUMIPMT（0.0075，360，125000，13，24，0）=-11135.23

该笔贷款在第一个月所付的利息为：

CUMIPMT（0.0075，360，125000，1，1，0）=-937.50

2.8.11 FVSCHEDULE 函数

FVSCHEDULE 函数是基于一系列复利返回本金的未来值，用于计算某项投资在变动或可调利率下的未来值。

语法：FVSCHEDULE（principal，schedule）

principal：为现值。

schedule：为利率数组。

说明：schedule 中的值可以是数字或空白单元格；空白单元格被认为是 0（没有利息）。

例如：

FVSCHEDULE（1，{0.09，0.11，0.1}）=1.33089

2.9 文本函数应用

利用文本函数可以处理有关文本数据的编辑，例如：用 LEFT 获取左边的字符等。

LEFT 是用来获取字符串左边文字的函数。

操作方法：

（1）打开"学生成绩 1.xlsx"。

（2）单击想要插入函数的单元格，如 F1，然后输入公式如：=LEFT(A1,3)，最后按 Enter 键，如图 2-78 所示。

LEFT 函数共有两个参数，第一个参数是想要被获取左边文字的单元格；第二个参数是获取的字符个数。

本例中，被获取的字符串为"理科班成绩表"，获取的字符个数为 3，其结果为"理科班"。

图 2-78

2.10 公式与函数的其他应用

利用自动更正功能，可以将输入错误的公式更正；在公式中也可以直接引用其他工作表的数据，而不必重复输入一次；利用监视窗口，可以快速查看数据的变化情形，而不必来回切换工作表标签；将公式产生的结果转换成数值格式，就可以应用在其他的计算数据。

2.10.1　自动更正

输入公式时，难免会产生公式错误的现象，Excel 具有自动更正公式的功能，许多常犯的错误它都能自动更正，例如：括号不对称、单元格位置颠倒、运算符重复等，当然，对于使用者来说，并不须记忆哪些错误会被校正。

操作方法：

（1）打开"学生成绩 1.xlsx"。

（2）选择想要输入公式的单元格，然后输入：=3D-3E，然后再按一下 Enter 键，如图 2-79 所示。

（3）出现公式错误提示对话框后，单击【是】按钮，接受修改建议，如图 2-80 所示。

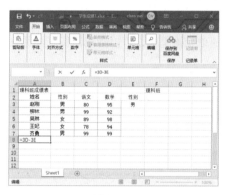

图 2-79

图 2-80

2.10.2　在公式中引用不同工作表的资料

同一个工作表的单元格坐标，直接以水平和垂直坐标来表示，当引用到不同工作表单元格时，则必须在坐标前加上工作表名称，例如：【一月 !F2】，其间以 "!" 隔开。

操作方法：

（1）打开"员工基本工资表 .xlsx"。

（2）选择想要输入公式的单元格，并且输入等号（＝），如图 2-81 所示。再移动鼠标到窗口下方选择想要引用数据的工作表标签。

（3）出现所选工作表窗口后，选择单元格，在数据编辑栏会显示所选单元格的坐标，如图 2-82 所示。

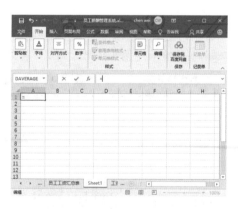

图 2-81

（4）返回到步骤（1）所在工作表中，在键盘上输入运算符号，例如：加号（＋），再移动鼠标到窗口下方选择另一个想引用数据的工作表标签，然后移动鼠标选择想要的单元格，确定后，按 Enter 键，再次返回到步骤（2）中的工作表，结果如图 2-83 所示。

图 2-82   图 2-83

前面的例子，是为了了解输入其他工作表的单元格坐标，可以利用鼠标直接选取，当然，使用键盘上直接输入也可以。

2.10.3 将公式变成数值

利用电子表格公式计算处理数据后，常常希望将计算的数值应用到其他的单元格或工作表中，若只是利用复制和粘贴按钮，所粘贴的结果是公式而不是用户想要的数值，此时就必须采用选择性粘贴功能。

操作方法：

（1）打开"员工工资结算单 .xlsx"。

（2）选择想要复制数值的单元格，然后单击【开始】菜单选项卡的【剪贴板】段落中的【复制】命令按钮，如图 2-84 所示。

（3）选择想要粘贴数值数据的工作表、单元格，在这里新建一个工作簿，然后单击 A1 单元格。

（4）在新工作簿里面单击【开始】菜单选项卡的【剪贴板】段落中的【粘贴】命令按钮右边的向下箭头按钮，再从下拉菜单中选择【粘贴值】|【值】命令，如图 2-85 所示。

图 2-84   图 2-85

（5）完成后，就会粘贴复制的数值，而非公式内容，如图 2-86 所示。

若直接单击选择【粘贴】按钮，会把原单元格内的全部数据（包括公式、值、格式、批注……）复制，就会导致出现如图 2-86 中 D1 到 D10 单元格中的错误结果，并且还需重新应用公式、函数，非常麻烦。

图 2-86

2.10.4 单元格出现错误信息的原因

单元格中经常会出现的错误信息有 ####、#NAME?、#VALUE!、#DIV/0! 等，例如：在宽度较小的单元格中输入公式，计算结果位数过大，便会出现 #### 错误消息，移动到该单元格，才会显示该单元格的数值，其实只要移动鼠标调大单元格宽度，便可恢复正常。

有关错误信息发生的原因如表 2-6 所示。

表 2-6 单元格错误信息提示及可能原因

错误信息	可能原因
#####	❶ 在单元格中输入的数值太长，单元格无法全部显示，可以拖移字段标题之间的边界，调整字段大小。 ❷ 单元格中的公式所产生的结果太长，单元格无法全部容纳。可以拖移字段标题之间的边界，增加字段宽度，或者变更单元格的数字格式。 ❸ 日期和时间必须采用正值，如果日期或时间公式产生的结果是负值，将在栏宽中显示 ####
#DIV/0!	在除数为零或空白单元格中，使用单元格参照，例如：=5/0。
#N/A	❶ 在 HLOOKUP、LOOKUP、MATCH 或 VLOOKUP 工作表函数的 lookup_value 自变量中给定的值不适当。 ❷ 在未排序的表格中使用 VLOOKUP 或 HLOOKUP 工作表函数来寻找数值。 ❸ 数组公式中使用的自变量字段数与数组公式所在的范围不符
#NAME?	删除公式使用的名称、使用的名称并不存在、拼错名称、拼错函数名称、在公式中输入文字时，没有使用双引号标记围住文字、范围参照地址中缺少冒号（:）
#NUM!	❶ 在需要数字的函数中使用一个无法接受的自变量。 ❷ 使用的是会反复的工作表函数，但找不到结果。 ❸ 输入的公式所产生的数值太大或太小，Excel 无法表示
#REF!	删除了其他公式参照的单元格，或将移动的单元格贴在其他公式参照的单元格上
#VALUE!	❶ 公式要求数字或逻辑值，但您输入的却是文字，像是 TRUE 或 FALSE。 ❷ 输入或编辑数组公式时按 Enter 键。 ❸ 输入单元格参照地址、公式或函数当作数组常数。 ❹ 运算或函数要求一个值，但却提供一个范围

2.10.5 快速统计相同的数据

在 Excel 中，COUNTIF (range,criteria) 函数是用来统计某个区域中给定条件单元格的数目的。range 是要统计的区域，criteria 是以数字、表达式、字符串形式给出的计数单元格必须符合的条件。

下面以某公司市场营销部人员表为例，统计某一姓名出现的次数和所有姓名出现的次数。

操作方法：

（1）统计"姓名"这一列中有几个"琳子"，在 D7 单元格中输入【=COUNTIF（A3：A7，A5）】或【=COUNTIF（A3：A7，琳子）】，按 Enter 键，就可以看到统计结果。

（2）统计"姓名"列中每一姓名出现的次数。首先，在 D3 单元格中输入 =COUNTIF（A3：A7，A3），然后将此公式利用填充柄复制到 D4、D5、D6、D7 单元格中，修改单元格的值，结果很快就统计出来。

2.10.6 保证录入数据的唯一性

在用 Excel 管理资料时，常常需要保证某一列中的数据不能重复，如身份证号。

操作方法：

（1）假设要从 B2 单元格开始录入，首先选中 B2 单元格，然后选择【数据】菜单选项卡，单击【数据工具】段落中的【数据验证】按钮 ，打开【数据验证】对话框。

（2）在【允许】选项下拉列表中选择【自定义】，在公式中输入：'=COUNTIF（B，B，B2）=1，如图 2-87 所示，接着单击【确定】按钮即可。

图 2-87

为了将这个设置复制到 B 列中的其他单元格，还需要向下拖动 B2 单元格的填充柄。以后再向 B 列中输入数据时，如果输入了重复数据就会出现提示。这样就可以保证数据输入的唯一性了。

这里还可以扩展一下（还是以身份证为例），将上面的公式改为：'=AND（COUNTIF（B，B，B2））=1，LEN（B2）=18，更改后，不仅要求录入的数据是唯一的，而且长度必须是 18，从而大大减少用户在录入中产生的错误。注意输入公式时，要在前面加一个单引号。

第 3 章

图表的应用

本章导读

　　Excel 的图表功能并不逊色于一些专业的图表软件，它不但可以创建条形图、折线图、饼图这样的标准图形，还可以生成较复杂的三维立体图表。借助图表，可以帮助用户更好地进行数据分析。

　　Excel 提供了许多工具，用户运用它们可以修饰、美化图表，如设置图表标题，修改图表背景色，加入自定义符号，设置字体、字型等。

　　本章为读者介绍 Excel 图表的各种应用与技巧。

3.1 Excel 图表的 8 项要素

1. 常见的 6 项要素

图表中常见的 6 项要素包括：标题、绘图区、数据系列、图表区、图例和坐标轴（包括 X 轴和 Y 轴），如图 3-1 所示。

2. 数据表要素

图表的第 7 要素为数据表，如图 3-2 所示。

3. 三维背景要素

图表的第 8 要素为三维背景，三维背景由基座和背景墙组成，如图 3-3 所示。

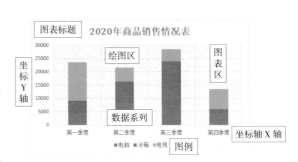

图 3-1

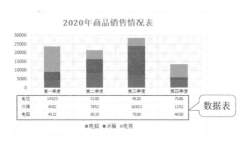

图 3-2

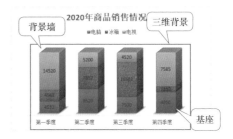

图 3-3

3.2 Excel 的各种图表类型

首先认识一下图表的各种类型。

Excel 中的图表按照插入的位置分类，可以分为：内嵌图表和工作表图表。内嵌图表一般与其数据源一起，而工作表图表就是与数据源分离，占据整个工作表的图表。

按照表示数据的图形来区分，图表分为柱形图、饼图、曲面图等多种类型，同一数据源可以使用不同图表类型创建的图表，它们的数据是相同的，只是形式不同而已。

三维立体图表与其他图表都使用相同的数据源，只在选择图表类型时不一样。

3.2.1 柱形图

排列在工作表的列或行中的数据可以绘制到柱形图中。柱形图用于显示一段时间内的数据变化或显示各项之间的比较情况，是最常见的图表之一。

在柱形图中，通常沿横坐标轴组织类别，沿纵坐标轴组织值。

柱形图包括如下子图表类型：

1. 簇状柱形图（图 3-4）和三维簇状柱形图（图 3-5）

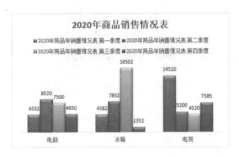

图 3-4　　　　　　　　　　　　　　　图 3-5

簇状柱形图可比较多个类别的值，它使用二维垂直矩形显示值。三维簇状柱形图仅使用三维透视效果显示数据，不会使用第三条数值轴（竖坐标轴）。

当有代表下列内容的类别时，可以使用簇状柱形图类型：

·数值范围（例如项目计数）。

·特定范围安排（例如，包含"完全同意""同意""中立""不同意""完全不同意"等条目的量表范围）。

·不采用任何特定顺序的名称（例如项目名称、地理名称或人名）。

> **注意：** 要使用三维格式显示数据，并且希望能够修改 3 个坐标轴（横坐标轴、纵坐标轴和竖坐标轴），则改用三维柱形图子类型。

2. 堆积柱形图（图 3-6）和三维堆积柱形图（图 3-7）

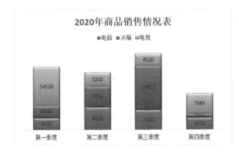
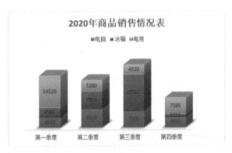

图 3-6　　　　　　　　　　　　　　　图 3-7

堆积柱形图显示单个项目与总体的关系，并跨类别比较每个值占总体的百分比。堆积柱形图使用二维垂直堆积矩形显示值。三维堆积柱形图仅使用三维透视效果显示值，不会使用第三条数值轴（竖坐标轴）。

当有多个数据系列并且希望强调总数值时，可以使用堆积柱形图。

3. 百分比堆积柱形图（图 3-8）和三维百分比堆积柱形图（图 3-9）

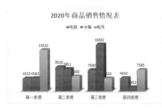

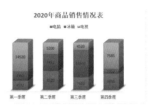

图 3-8

图 3-9

百分比堆积柱形图和三维百分比堆积柱形图用于跨类别比较每个值占总体的百分比。百分比堆积柱形图使用二维垂直百分比堆积矩形显示值。三维百分比堆积柱形图仅使用三维透视效果显示值，不会使用第三条数值轴（竖坐标轴）。

· 三维柱形图（图 3-10）

三维柱形图使用三个可以修改的坐标轴（横坐标轴、纵坐标轴和竖坐标轴），并沿横坐标轴和竖坐标轴比较数据点。

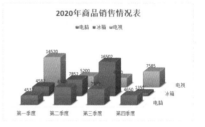

图 3-10

> **提示：** 所谓数据点，就是在图表中绘制的单个值，这些值由条形、柱形、折线、饼图的扇面、圆点和其他称为数据标记的图形表示。相同颜色的数据标记组成一个数据系列。

如果要同时跨类别和系列比较数据，则可使用三维柱形图，因为这种图表类型沿横坐标轴和竖坐标轴显示类别，而沿纵坐标轴显示数值。

3.2.2 条形图

条形图也是显示各个项目之间的对比，与柱形图不同的是其分类轴设置在纵轴上，而柱形图则设置在横轴上。

条形图包括如下子图表类型：

1. 簇状条形图（图 3-11）和堆积条形图（图 3-12）

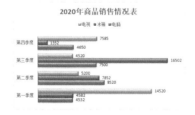

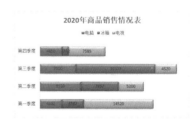

图 3-11

图 3-12

2. 百分比堆积条形图（图 3-13）和三维簇状条形图（图 3-14）

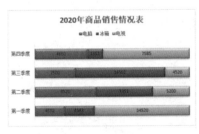

图 3-13

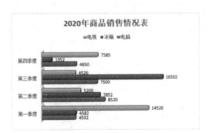

图 3-14

3. 三维堆积条形图（图 3-15）和三维百分比堆积条形图（图 3-16）

图 3-15

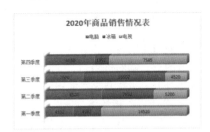

图 3-16

3.2.3　折线图

排列在工作表的列或行中的数据可以绘制到折线图中。折线图可以显示随时间（根据常用比例设置）而变化的连续数据，因此非常适用于显示在相等时间间隔下数据的趋势。在折线图中，类别数据沿水平轴均匀分布，所有值数据沿垂直轴均匀分布。

如果分类标签是文本并且表示均匀分布的数值（例如月份、季度或财政年度），则应使用折线图。当有多个系列时，尤其适合使用折线图；对于一个系列，应该考虑使用类别图。如果有几个均匀分布的数值标签（尤其是年份），也应该使用折线图。如果拥有的数值标签多于 10 个，则改用散点图。

折线图包括如下子图表类型：

1. 折线图（图 3-17）和带数据标记的折线图（图 3-18）

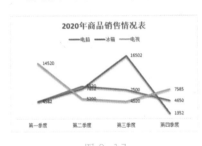

图 3-17

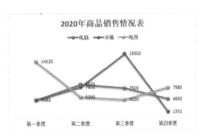

图 3-18

显示时可带有标记以指示单个数据值，也可以不带数据标记。折线图对于显示随时间或排序的类别的变化趋势很有用，尤其是当有多个数据点并且它们的显示顺序很重要的时候。如果有多个类别或者值是近似的，则使用不带数据标记的折线图。

2. 堆积折线图（图 3-19）和带标记的堆积折线图（图 3-20）

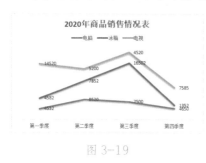
图 3-19

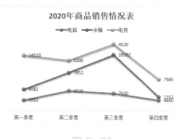
图 3-20

显示时可带有标记以指示单个数据值，也可以不带数据标记。堆积折线图可用于显示各个值的分布随时间或排序的类别的变化趋势，但是由于看到堆积的线很难，因此考虑改用其他折线图类型或者堆积面积图。

3. 百分比堆积折线图（图 3-21）和带数据标记的百分比堆积折线图（图 3-22）

显示时可带有数据标记以指示单个数据值，也可以不带数据标记。百分比堆积折线图对于显示每一数值所占百分比随时间或排序的类别而变化的趋势很有用。如果有多个类别或者值是近似的，则使用不带数据标记的百分比堆积折线图。

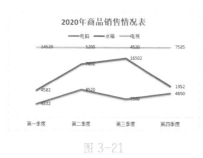
图 3-21

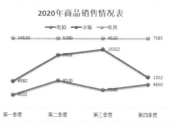
图 3-22

提示： 为了更好地显示这种类型的数据，请考虑改用百分比堆积面积图。

4. 三维折线图（图 3-23）

三维折线图将每一行或列的数据显示为三维标记。三维折线图具有可修改的水平轴、垂直轴和深度轴。

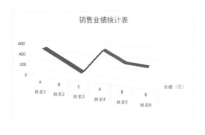
图 3-23

3.2.4　饼图

仅排列在工作表的一列或一行中的数据可以绘制到饼图中。饼图显示组成数据系列的项目在项目总和中所占的比例，通常只显示一个数据系列中各项的大小与各项总和的比例。饼图中的数据点显示为整个饼图的百分比。

提示：所谓数据系列，是指在图表中绘制的相关数据点，这些数据源自数据表的行或列。图表中的每个数据系列具有唯一的颜色或图案并且在图表的图例中表示。可以在图表中绘制一个或多个数据系列。饼图只有一个数据系列。

如下情况适合使用饼图：

· 仅有一个要绘制的数据系列。
· 要绘制的数值没有负值。
· 要绘制的数值几乎没有零值。
· 不超过 7 个类别。
· 各类别分别代表整个饼图的一部分。

饼图包括如下子图表类型：

1. 饼图（图 3-24）和三维饼图（图 3-25）

图 3-24

图 3-25

饼图采用二维或三维格式显示各个值相对于总数值的分布情况。可以手动拉出饼图的扇区，以强调特定扇区。

2. 子母饼图（图 3-26）和复合条饼图（图 3-27）

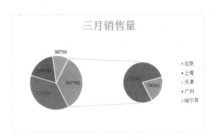

图 3-26

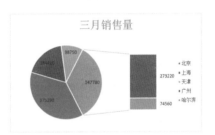

3-27

子母饼图或复合条饼图显示了从主饼图提取用户定义的数值并组合进次饼图或堆积条形图的饼图。如果要使主饼图中的小扇区更易于辨别，那么可使用此类图表。

3. 圆环图（图 3-28）

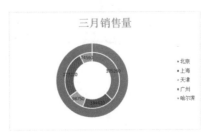

图 3-28

仅排列在工作表的列或行中的数据可以绘制到圆环图中。像其他饼图一样，圆环图显示各个部分与整体之间的关系，但是它可以包含多个数据系列。

3.2.5　XY 散点图

XY 散点图主要用来比较在不均匀时间或测量间隔上的数据变化趋势。如果间隔均匀，应该使用折线图。

XY 散点图包括如下子图表类型：

1. 散点图（图 3-29）
2. 带平滑线和数据标记的散点图（图 3-30）

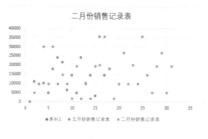

图 3-29

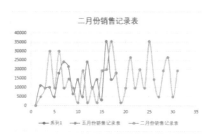

图 3-30

3. 带平滑线的散点图（图 3-31）
4. 带直线和数据标记的散点图（图 3-32）

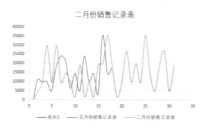

图 3-31

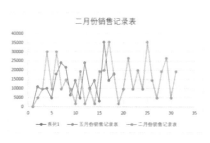

图 3-32

5. 带直线的散点图（图 3-33）
6. 气泡图（图 3-34）

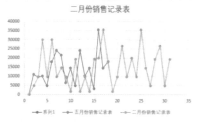

图 3-33

图 3-34

气泡图的数据标记的大小反映了第三个变量的大小。气泡图的数据应包括三行或三列，将 X 值放在一行或一列中，并在相邻的行或列中输入对应的 Y 值，第三行或列数据就表示气泡大小。

例如，可以按图 3-35 所示组织数据。

7. 三维气泡图（图 3-36）

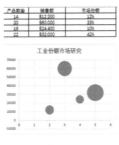

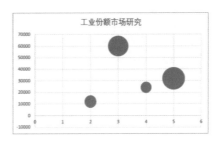

图 3-35　　　　　　　　　　　　　　图 3-36

3.2.6　面积图

面积图用于显示不同数据系列之间的对比关系，同时也显示各数据系列与整体的比例关系，尤其强调随时间的变化幅度。

面积图包括如下子图表类型：

1. 面积图（图 3-37）和堆积面积图（图 3-38）

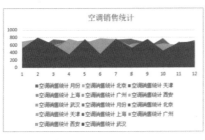

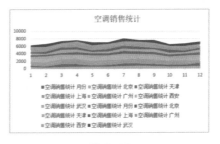

图 3-37　　　　　　　　　　　　　　图 3-38

2. 百分比堆积面积图（图 3-39）和三维面积图（图 3-40）

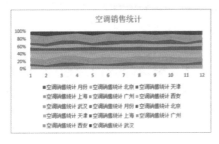

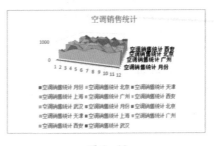

图 3-39　　　　　　　　　　　　　　图 3-40

3. 三维堆积面积图（图 3-41）和三维百分比堆积面积图（图 3-42）

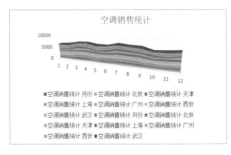

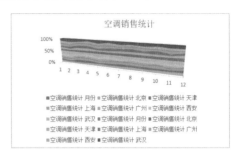

图 3-41   图 3-42

3.2.7 雷达图

排列在工作表的列或行中的数据可以绘制到雷达图中。雷达图比较几个数据系列的聚合值，显示数值相对于中心点的变化情况，它包括如下子图表类型：

1. 雷达图和带数据标记的雷达图

雷达图显示各值相对于中心点的变化，其中可能显示各个数据点的标记，也可能不显示这些标记。

2. 填充雷达图

在填充雷达图中，由一个数据系列覆盖的区域用一种颜色来填充。

3.2.8 曲面图和股价图

1. 曲面图

曲面图在连续曲面上跨两维显示数据的变化趋势，它包括如下子图表类型：

- 三维曲面图
- 三维线框曲面图
- 曲面图
- 曲面图（俯视框架图）

2. 股价图

股价图通常用于显示股票价格及其变化的情况，但也可以用于科学数据（如表示温度的变化）。它包括如下子图表类型：

- 盘高—盘低—收盘图
- 开盘—盘高—盘低—收盘图
- 成交量—盘高—盘低—收盘图
- 成交量—开盘—盘高—盘低—收盘图

3.2.9 可在 Excel 中创建的其他类型的图表

如果在可用图表类型列表中没有看到要创建的图表类型，可以用其他方法在 Excel 中创建这种图表。

例如，可以创建下列图表：

1. 甘特图和浮动柱形图

可以使用某个图表类型来模拟这些图表类型。例如，可以使用条形图来模拟甘特图，也可以使用柱形图来模拟描绘最小值和最大值的浮动柱形图。

2. 组合图

若要强调图表中不同类型的信息，可以在该图表中组合两种或更多图表类型。例如，可以组合柱形图和折线图来显示即时视觉效果，从而使该图表更

易于理解。

3. 组织结构图

可以插入 SmartArt 图形来创建组织结构图、流程图或层次结构图。

还可以创建直方图、排列图等图表类型。

3.2.10　认清坐标轴的 4 种类型

在一般情况下，图表有两个坐标轴：X 轴（刻度类型为时间轴、分类轴或数值轴）和 Y 轴（刻度类型为数值轴）。

三维图表有第 3 个轴：Z 轴（刻度类型为系列轴）。

饼图或圆环图没有坐标轴。

雷达图只有数值轴，没有分类轴。

1. 时间轴

时间具有连续性的特点。在图表中应用时间轴时，若数据系列的数据点在时间上为不连续的，则会在图表中形成空白的数据点。要清除空白的数据点，必须将时间轴改为分类轴。

2. 分类轴

分类轴显示数据系列中每个数据点对应的分类标签。

若分类轴引用的单元格区域包含多行（或多列）文本，则可能显示多级分类标签。

3. 数值轴

除了饼图和圆环图外，每幅图表至少有一个数值轴。

若数据系列引用的单元格包含文本格式，则在图表中绘制为 0 值的数据点。

4. 系列轴

三维图表的系列轴仅是显示不同的数据系列的名称，不能表示数值。

3.3　创建图表

创建图表的方法有多种，下面将介绍其中常用的两种方法。

首先打开"业绩统计表 .xlsx"。

3.3.1　快速创建图表

如果不想对图表做任何特殊的设置，也就是使用默认的设置，那么不使用图表向导生成图表，而使用快捷键和工具栏可以快速创建图表。

1. 使用快捷键创建图表

操作方法：

（1）作为图表数据源的单元格范围，在这里选中所有的单元格，按键盘上的 F11 键，就会在工作簿中插入一个新的工作表【Chart1】，在整个工作表中插入默认类型的图表，如图 3-43 所示。

（2）将"图表标题"更改为"销售业绩统计表"，并将标题颜色更改为"橙色"，如图 3-44 所示

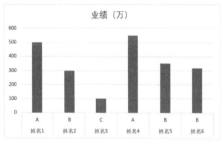

图 3-43

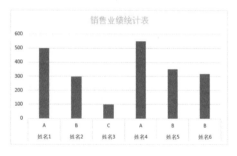

图 3-44

提示: 在使用快捷键创建图表时，会自动使用默认的图表类型来创建图表，那么如何更改默认的图表类型呢？方法是，在激活一个图表后，使用鼠标右键单击图表，在弹出的菜单中选择【更改系列图表类型】命令，打开【图表类型】对话框。在【所有图表】选项卡左侧列表框中选择图表类型，比如选择【柱形图】；在右侧顶端单击柱状图的类型图标选择柱状图类型，然后单击【确定】按钮即可。此后，每次新建一个图表，无论是什么形状的图表，其格式都以所设置的图表的颜色和填充色为准。

2. 使用【插入】菜单选项卡的【图标】段落中的工具按钮创建图表

使用【插入】菜单选项卡的【图标】段落中相应工具按钮可以有机会选择图表类型。操作方法：

（1）同样，首先选中要作为图表数据源的单元格范围，在这里依然选择表中的所有单元格。

（2）单击【插入】菜单选项卡中的【图表】段落中的相应图表类型按钮，比如单击【柱形图或条形图】按钮 📊 ▼，在打开的面板中单击选择【三维条形图】分组下的【三维堆积条形图】图标选项，如图 3-45 所示。

（3）此时就会在当前工作表中插入一个内嵌图表，插入的内嵌图表需要重新设置图表标题，在这里将其设置为"销售业绩统计表"，颜色设置为橙色，如图 3-46 所示。可以移动图表位置，也可以单击图表、拖动图表四周的控制点缩放图表。

图 3-45

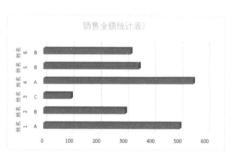

图 3-46

3.3.2　利用【插入图表】对话框插入图表

操作方法：

（1）使用【插入图表】对话框插入图表之前，先要选择作为图表数据源的单元格范围。在工作表中，可以用鼠标选取连续范围，也可以配合键盘上 Ctrl 键，选取不连续的范围。在这里依然选择"销售业绩统计表"表中的所有单元格。

（2）选择单元格范围作为数据源后，选择【插入】菜单选项卡，然后单击【图表】段落右下角的【功能扩展】按钮，打开【插入图表】对话框，如图 3-47 所示。

（3）在【所有图表】选项卡左侧，单击选择一种图表类型，比如选择【饼图】；在右侧顶端的图表类型中单击选择一种图表子类型，在这里选择【三维饼图】图标，如图 3-48 所示。

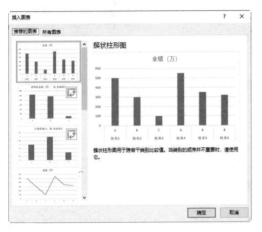

图 3-47

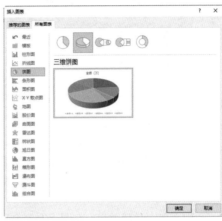

图 3-48

（4）单击【确定】按钮，即可插入一张图表。如图 3-49 所示。

（5）此时会发现，统计图表中的数据是不完整的。那么重新选择"成绩记录表"表格中所有单元格，打开【插入图表】对话框，在【推荐的图表】选项卡的列表中选择【折线图】或【排列图】，在这里单击选择【折线图】，然后单击【确定】按钮，重新插入内嵌图表，并设置其标题为"学校成绩统计表"，颜色设置为橙色，如图 3-50 所示。

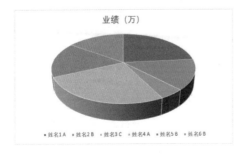

图 3-49

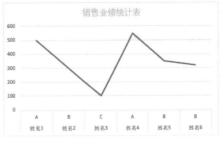

图 3-50

3.4　编辑图表

3.4.1　添加趋势线

操作方法：

（1）选择一个图表。

（2）选择【设计】|【添加图表元素】。

（3）选择【趋势线】，然后选择所需趋势线类型，如【线性】【线性预测】或【移动平均】，如图 3-51 所示。

图 3-51

3.4.2　选中图表的某个部分

在介绍如何修改图表的组成部分之前，先介绍一下如何正确地选中要修改的部分。前面已经介绍过，只要单击就可以选中图表中的各部分，但是有些部分很难准确地选中。

操作方法：

（1）单击激活图表，在图表右侧会出现 3 个工具按钮，从上到下分别是【图表元素】【图表样式】和【图表筛选器】，如图 3-52 所示。

（2）单击【图表筛选器】工具按钮，打开如图 3-53 所示浮动面板。

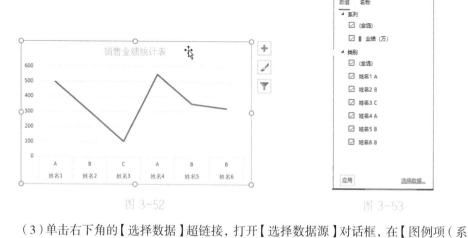

图 3-52

图 3-53

（3）单击右下角的【选择数据】超链接，打开【选择数据源】对话框，在【图例项（系列）】的列表框中，可以看到该图表中的各个组成部分，如图 3-54 所示，从中选择图表需要的部分即可。在这里选择列表框中的前一项和后两项，如图 3-55 所示。

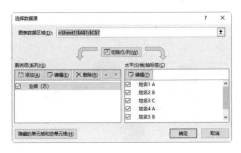
图 3-54

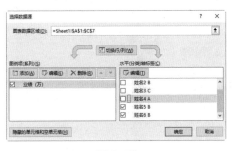
图 3-55

（3）单击【确定】按钮，筛选后的图表就变成了如图 3-56 所示的效果。

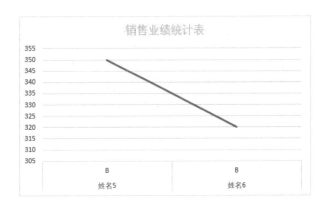
图 3-56

3.4.3　改变图表类型

由于图表类型不同，坐标轴、网格线等设置不尽相同，所以在转换图表类型时，有些设置会丢失。改变图表类型的快捷方法是，单击【设计】菜单选项卡中的【类型】段落中的【更改图表类型】按钮，在弹出的【更改图表类型】对话框中选择所需图表类型即可。

也可以使用下面的方法改变图表类型：

（1）使用鼠标右键单击图表空白处，然后在弹出菜单中选择【更改图表类型】命令，如图 3-57 所示。

（2）在打开的【更改图表类型】对话框中选择一种图表，然后单击【确定】按钮，如图 3-58 所示。

如图 3-59 所示为更改图表三维类型后的一个效果图。

图 3-57

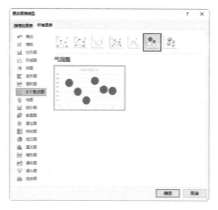

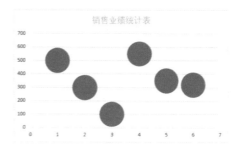

图 3-58   图 3-59

> **提示:** 在图表上的任意位置单击,都可以激活图表。要想改变图表大小,在图表绘图区的边框上单击鼠标左键,就会显示出控制点,将鼠标指针移到控制点附近,鼠标指针变成双箭头形状,这时按下鼠标左键并拖动就可以改变图表的大小。在拖动过程中,有虚线指示此时释放鼠标左键时图表的轮廓,要移动图表的位置,只需在图表范围内,在任意空白位置按下鼠标左键并拖动,就可以移动图表,在鼠标拖动过程中,有虚线指示此时释放鼠标左键时图表的轮廓。

3.4.4 移动或者删除图表的组成元素

图表生成后,可以对其进行编辑,如制作图表标题、向图表中添加文本、设置图表选项、删除数据系列、移动和复制图表等。

要想移动或者删除图表中的元素,和移动或改变图表大小的方法相似,用鼠标左键单击要移动的元素,该元素就会出现控制点,拖动控制点就可以改变大小或者移动,如图3-60 所示。

如果按下键盘上的 Del 键就可以删除选中的元素,删除其中一组元素后,图表将显示余下的元素。

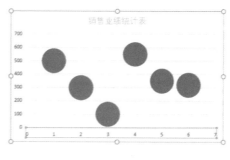

图 3-60

3.4.5 在图表中添加自选图形或文本

用户可向图表中添加自选图形,再在自选图形中添加文本(但线条、连接符和任意多边形除外),以使图表更加具有效果性。

操作方法：

（1）选择【插入】菜单选项卡，单击【插图】段落中的【形状】按钮，在打开的形状浮动面板中选择相应的工具按钮，如图 3–61 所示。

（2）然后再为图表添加各种文字后，使该图表更有说明效果，如图 3–62 所示。然后调整插入形状的大小和位置，并设置文字的格式。

图 3–61

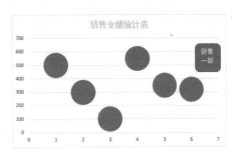

图 3–62

注意：　这里只是举例说明添加自选图形或文本的方法，其实图表的标题是可以在设置图表选项时添加的。

3.4.6　应用内置的图表样式

创建好图表后，为了使图表更加美观，用户可以设置图表的样式。通常情况下，最方便快速的方法就是应用 Excel 提供的内置样式。

操作方法：

（1）图 3–63 为 3.3.1 节中使用快捷键创建好的图表，此处可以更改一下图表的样式。

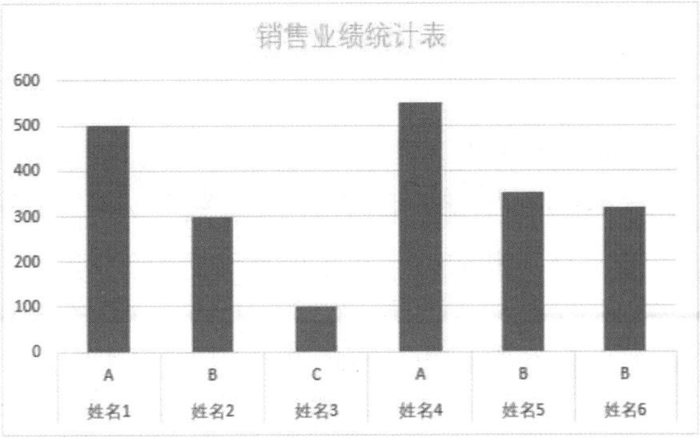

（2）使用鼠标左键单击图表空白处选中整个图表，然后选择【设计】菜单选项卡，在【图表样式】段落中单击【其他命令】按钮，如图 3–64 所示。

图 3–63

图 3-64

（3）在展开的【图表样式】面板中，单击选择一种样式进行应用即可，如图 3-65 所示。

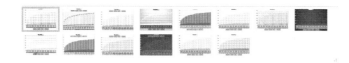

图 3-65

（4）选择样式 5，图表变成了如图 3-66 所示的效果。

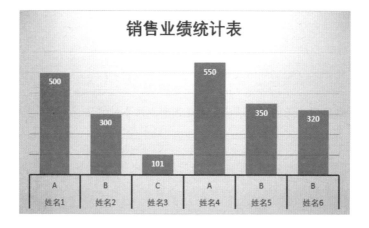

图 3-66

3.5 美化图表

制作好一张图表后，可以更改图表标题、网格线、图例、坐标轴、数据标志和数据表等。

3.5.1 修改图表绘图区域

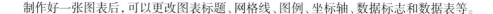

图表绘图区的背景色默认情况下是白色的，如果用户对这种颜色不满意，可以通过拖动设置来修改绘图区的背景色。用户可以为绘图区的背景添加上纯色、渐变填充、图片填充和图案填充等背景。

图 3-67 为素材与源文档中第 7 章文件夹下面的"销售业绩统计图表 .xlsx"工作簿创建好的图表，接下来讲解一下如何修改其图表绘图区域的方法。

操作方法：

使用鼠标右键单击图表空白处，在弹出菜单中选择【设置图表区格式】命令，打开【设置图表区格式】任务窗格，该窗格的【图表选项】标签下有【填充与线条】【效果】和【大小与属性】3个选项图标按钮，如图3-68所示。

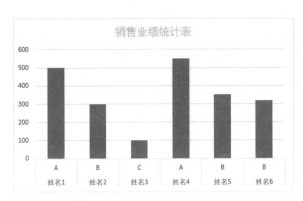

图4-67

图3-68

1. 设置图表绘图区填充

在【填充与线条】选项卡中，可以设置绘图区的填充与边框。

操作方法：

（1）在【边框】选项组中，可以设置框线的样式、颜色、宽度、透明度等，如图3-69所示。

（2）在【填充】选项组中，可以设置绘图区域为【纯色填充】【渐变填充】【图片或纹理填充】【图案填充】等，还可以指定填充的颜色，如图3-70所示。

·纯色填充。选中【纯色填充】单选按钮，然后单击【填充颜色】按钮，在打开的颜色面板中为填充指定一种颜色，如图3-71所示。图3-72为橙色填充的图表效果。

图3-69　　　　图3-70

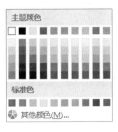

图3-71

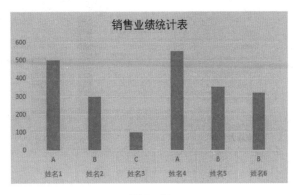

图3-72

·渐变填充。选中【渐变填充】单选按钮，【填充】分组变成如图 3-73 所示的样子，此时可以设置渐变填充的各种参数。图 3-74 为其中的一种效果。

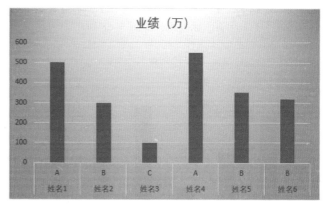

图 3-73 　　　　　　　　　　　　　　图 3-74

用户可以单击选中每一个渐变光圈点，为其设置不同的渐变色，如图 3-75 所示。

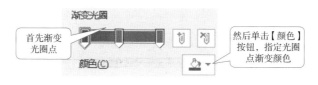

图 3-75

·图片或纹理填充。选中【图片或纹理填充】单选按钮，【填充】分组变成如图 3-76 所示的样子。在【图片源】项下单击选择【插入】或【剪贴板】按钮，可以为绘图区域设置图片填充；在【纹理】项右侧单击【纹理】按钮 ▦ ▼，可以为绘图区设置纹理填充。如图 3-77 为纹理填充的一种图表效果。

图 3-76 　　　　　　　　　　　　　　图 3-77

·图案填充。选中【图案填充】单选按钮，【填充】分组变成如图 3-78 所示的样子。

2. 设置绘图区效果

在【效果】选项卡中，可以为绘图区指定阴影、发光、柔化边缘、三维格式等效果，如图3-79所示。

图3-80为指定的三维效果图。

3. 设置图表绘图区的大小与属性

在【大小与属性】选项卡中，可以设置图表绘图区的大小和属性参数，如图3-81所示。

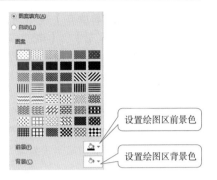

图 3-78

图 3-79

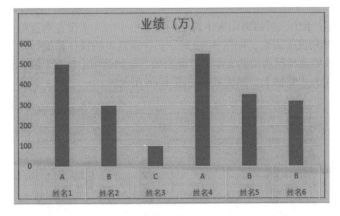

图 3-80

图 3-81

4. 设置图表区中的文本填充和轮廓

操作方法：

单击【设置图表区格式】任务窗格中的【文本选项】，切换到【文本选项】标签中，如图3-82所示。

115

（1）在【文本填充】项下可以选择设置【无填充】、【纯色填充】、【渐变填充】和【图案填充】，具体操作方法与前面设置图表绘图区填充的方法类似；在【文本轮廓】项下可以选择设置【无线条】轮廓、【实线轮廓】或【渐变线】轮廓。

（2）切换到【文本效果】选项卡中，可以为图表中的文本设置阴影、映像、发光、柔化边缘、三维格式、三维旋转效果，如图 3-83 所示。图 3-84 为其中的一种文本效果。

图 3-82

图 3-83

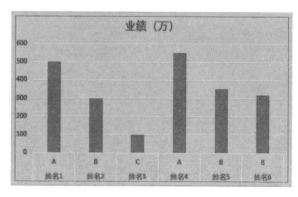

图 3-84

（3）切换到【文本框】选项卡中，可以为图表中选定的文本框中的文本设置垂直对齐方式、文字方向、自定义旋转角度等属性，如图 3-85 所示。注意这里的操作只能针对图表中某一个文本框进行，即单独选择图表中的文本框才能有效。比如选中【垂直（值）轴】文本框，然后设置文字方向为【竖排】，图表效果如图 3-86 所示。

图 3-85

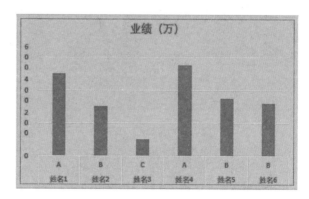

图 3-86

3.5.2　调整图例位置

图例是辨别图表中数据的依据，使用图例可以更有效地查看图表中的数据，这对于数据比较复杂的图表有重要的作用。如果要调整图表中的图例位置，可以按照下面的方法进行。

操作方法：

（1）单击图表空白处，在图表右上角就会出现 3 个工具按钮，单击其中的【图表元素】按钮 ，出现一个【图表元素】面板，将光标移至【图例】选项上，然后单击其右侧的向右箭头 ▶，在子菜单中单击选择【更多选项】，如图 3-87 所示。

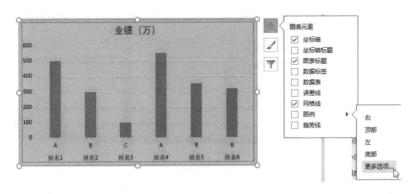

图 3-87

（2）此时打开了【设置图例格式】任务窗格，图 3-88 所示为设置图例位置的选项卡。

（3）在【图例位置】分组下就可以设置调整图例的显示位置了。比如选择【靠右】，那么图表的效果如图 3-89 所示。

图 3-88

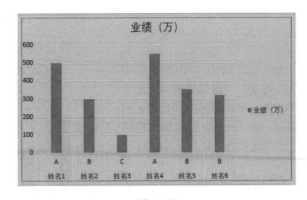

图 3-89

3.5.3　显示数据标签

在图表中还可以在相应的位置显示具体的数值，这样可以更直观地比较图表。

操作方法：

（1）单击图表空白处，在图表右上角就会出现 3 个工具按钮，单击其中的【图表元素】按钮✚，出现一个【图表元素】面板，单击选择【数据标签】选项卡，然后单击其右侧的向右箭头▶，在子菜单中单击选择【更多选项】。

（2）此时打开了【设置数据标签格式】任务窗格，单击【标签选项】图标📊，切换到【标签选项】选项卡，如图 3-90 所示。

（3）此时可以在【标签包括】分组下选择要显示的标签内容，在【标签位置】分组下可以选择标签的显示位置：居中、数据标签内、轴内侧或数据标签外，这里选择【数据标签外】选项。图表效果如图 3-91 所示。

图 3-90

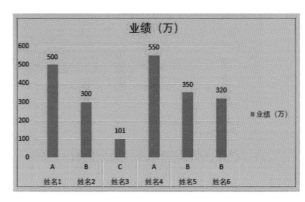
图 3-91

（4）此外，可以单击【填充与线条】图标◇、【效果】图标⬠、【大小与属性】图标▦，分别设置数据标签的【填充与线条】、【效果】、【大小与属性】等参数，具体操作方法与前面的 3.5.1 节中讲述的操作方法类似。

3.5.4 在图表中显示数据表

经常会看到 Excel 图表下方有显示与数据源一样的数据表，用来代替图例、坐标轴标签和数据系列标签等。在 Excel 中又被称为模拟运算表。这个表是怎么形成的呢？

操作方法：

（1）在图表中单击图表绘图区空白处，在图表右上角就会出现 3 个工具按钮，如图 3-92 所示。

（2）单击其中的【图表元素】按钮✚，出现一个【图表元素】面板，

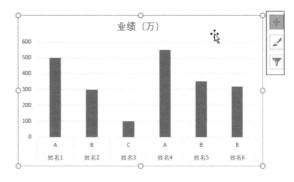
图 3-92

单击选择【数据表】选项，图表就会在下方显示和数据源一样的数据表，如图 3-93 所示。

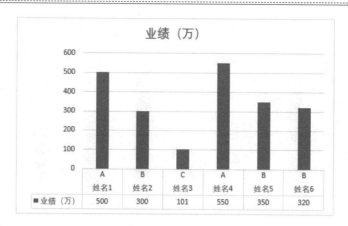

图 3-93

3.5.5　增加和删除数据

如果要增加和删除数据工作表中的数据，并且希望在已制作好的图表中描绘出所增加或删除的数据，可以按照下面的方法进行操作。

1. 删除数据

操作方法：

（1）单击工作表中要更改的数据图表，此时要增加或删除的数据即可呈选中状态，如图 3-94 所示。

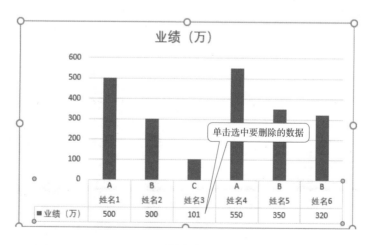

图 3-94

（2）使用鼠标右键单击，在弹出菜单中选择【删除】命令，选中的数据就被删除了，如图 3-95 所示。

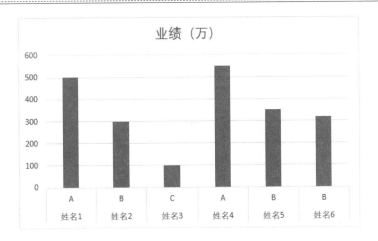

图 3-95

2. 添加数据

接下来介绍为数据表添加新的数据。

操作方法：

（1）选中要操作的图表。选择【设计】菜单选项卡，单击【图表布局】段落中的【添加图表元素】按钮，打开如图3-96所示菜单。

（2）依次选择【误差线】|【百分比】命令。如图3-97所示。

图 3-96　　　　图 3-97

图表变成了如图3-98所示的样子。

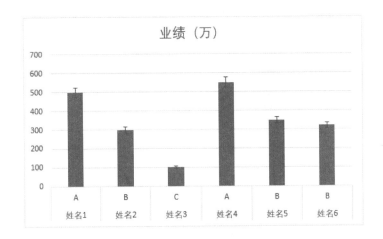

图 3-98

3.5.6　使用艺术字美化图表

艺术字是具有特殊效果的文字。艺术字不是普通的文字，而是图形对象，可以像处理其他图形那样处理。一般工作表或图表中的文字最多只能设定字体、样式和字号。艺术字可以为单调的文字变化各种型式，设定阴影、旋转角度，也可以把文字变得五彩缤纷、漂亮非凡。

图 3-99

操作方法：

（1）单击要插入艺术字的位置，移动鼠标到【插入】菜单选项卡单击【文本】|【艺术字】命令按钮，打开艺术字窗口，如图 3-99 所示。

（2）在艺术字库窗口单击选择一种样式，比如选择第三种样式，出现编辑艺术字文本框，如图 3-100 所示。

（3）单击艺术字文本框，然后使用 Ctrl+A 快捷键将其全部选中，如图 3-101 所示。

图 3-100

图 3-101

（4）输入文字内容，如"比赛得分"，如图 3-102 所示。

（5）单击输入的文字，使用 Ctrl+A 快捷键将其全部选中，就可以使用【开始】菜单选项卡的【字体】段落中的命令设置艺术字的字体、字号、颜色等格式，如图 3-103 所示。

（6）右击处于选中状态的艺术字，从弹出的菜单中选择【设置形状格式】命令，如图 3-104 所示。

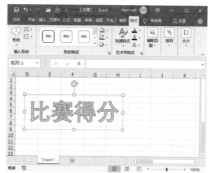

图 3-102

图 3-104

图 3-103

（7）在右侧打开的【设置形状格式】窗格中，可以为艺术字添加阴影、三维格式、三维旋转等效果，如图 3-105 所示。

（8）还可以将光标放置于艺术字边缘上，当光标变成 形状时，再按住鼠标左键就可以拖动改变其位置，如图 3-106 所示。

图 3-105　　　　　　　　　　　　　　　图 3-106

在图表或工作表中产生的艺术字和自选图形一样，也可以设定它的大小、阴影、三维效果和自由旋转。

3.6 SmartArt 图形应用

图示是用来说明各种概念性的材料，并使工作表显得更加生动，图示并非基于数字。

电子表格文件中还有一些常用的结构性图表，Excel 把它们全部收集在图示中，包括组织结构图、循环图、射线图、棱锥图、维恩图和目标图等 6 种，每一种图表都各有其使用时机。

3.6.1　插入 SmartArt 图形

SmartArt 图形和形状图案差不多，只不过它是一种结构化的图案而已，因此插入工作表的方法也十分类似。

操作方法：

（1）单击要插入 SmartArt 图形的位置，然后单击【插入】|【插图】|【SmartArt】命令按钮 ，如图 3-107 所示。

（2）此时打开了如图 3-108 所示的【选择 SmartArt 图形】对话框。

图 3-107

（3）出现【选择 SmartArt 图形】对话框后，从左侧列表中选择图形类型，例如：【层次结构】分类中的【组织结构图】，如图 3-109 所示。

图 3-108   图 3-109

（4）选好图形类型后，单击"确定"按钮，工作表中就会产生一个缺省的 SmartArt 图形，如图 3-110 所示。

（5）将光标放置于 SmartArt 图形的边缘上，当光标变成 形状时，再按住鼠标左键就可以拖动改变其位置，如图 3-111 所示。

（6）将光标放置于 SmartArt 图形的任意一个角点上，当光标变为倾斜的双向箭头时，按住鼠标左键向内或向外拖动光标可以缩小或放大图表，如图 3-112 所示。

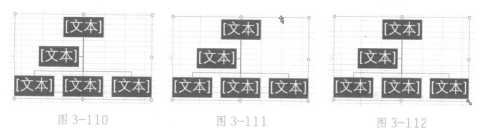

图 3-110   图 3-111   图 3-112

（7）插入 SmartArt 图形后，菜单栏自动出现【设计】菜单选项卡并自动跳转到该选项卡下，如图 3-113 所示。

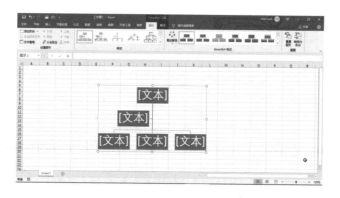

图 3-113

3.6.2 在图形中新增图案

插入组织结构图后，缺省只有 5 个图案方块，可以根据实际需要加入图案。

操作方法：

（1）移动鼠标选择要插入新图案的位置，如图 3-114 所示。

（2）单击【设计】菜单选项卡的【创建图形】段落中的【添加图形】命令按钮右侧的向下箭头，在弹出菜单中选择新增图案与所选图案的位置关系，如图 3-115 所示。

（3）在这里选择【在后面添加形状】命令。添加图案后，图表会自动重画，以安排新加入的图案，如图 3-116 所示。

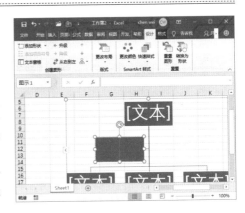

图 3-114

图 3-115

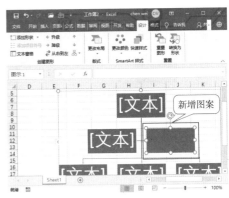

图 3-116

3.6.3　输入图案内的文字

SmartArt 图形中的每一个图案都应该要有说明文字，这些需要用户自行输入。

在图案内输入文字的操作方法有如下两种。

方法 1：

（1）单击想要输入文字的图案，输入文字内容，如图 3-117 所示。

（2）继续单击其他想要输入文字的图案，输入文字，直到完成全部图案的文字输入，结果如图 3-118 所示。

（3）完成文字的输入后，可以单击选择图案，切换到【开始】菜单选项卡中，使用【字体】段落中的命令，设置文字的字体、字号、颜色等格式，如图 3-119 所示。

（4）增大或缩小字号后，可以单击图案，将光标放置在图案的控制点上，拖动光标增大或缩小文本框以适应所对应的文字，如图 3-120 所示。将其保存为"组织结构图 .xlsx"。

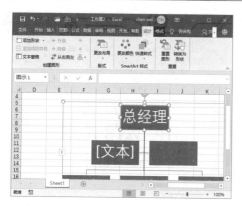

图 3-117

图 3-118

图 3-119

图 3-120

方法 2：

（1）单击 SmartArt 图形左侧的按钮 ‹，打开如图 3-121 所示的【在此键入文字】窗口。

（2）依次单击各个选项，输入文字即可，如图 3-122 所示。

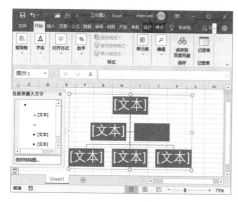

图 3-121

图 3-122

（3）单击【在此键入文字】窗口右上角的【关闭】按钮 ✕，关闭该窗口。结果如图 3–123 所示。

图 3–123

3.6.4 设定 SmartArt 图形样式

SmartArt 图形虽然只能画出固定图案，但是还可以设定它的显示样式，看起来很炫哦！

操作方法：

（1）单击组织结构图的空白处，然后切换到【设计】菜单选项卡，单击【SmartArt 样式】段落【快速样式】右下侧的【其他】按钮 ⊟，如图 3–124 所示。

图 3–124

（2）此时打开【文档的最佳匹配对象】窗口，如图 3–125 所示。

（3）单击选择一种样式为组织架构图套用格式，比如【三维】列表框中的【砖块场景】样式，如图 3–126 所示。

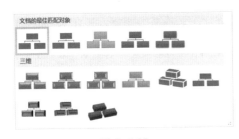

图 3–125   图 3–126

（4）组织结构图可选的样式是最多的，其他类型的图表由于受到表现方式的限制，可用的样式较少。更改样式后的组织结构图效果如图 3–127 所示。

如果对系统提供的样式都不满意，则可以右击组织结构图任意空白位置，在弹出菜单中选择【设置对象格式】命令，然后在右侧打开的【设置形状格式】任务窗格中，自行设定图案的样式，如图 3-128 所示。

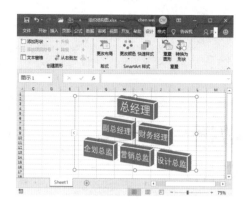

图 3-127

图 3-128

第 4 章

数据筛选、排序与数据
透视表和透视图的应用

使用 Excel，可以对数据进行按行、按列、升序、降序排序，也可以按颜色进行排序，有些时候用户也会进行多条件排序，比如先按地区，每个地区又从高到低排序等。

筛选功能是 Excel 非常强大的功能，可以单条件筛选，也可以多条件筛选，不同的格式筛选也会有不同的方法。

数据透视表及数据透视图是一种数据分类功能，可以把流水式的数据，依类别加以重整。只要适当地决定分类标准，就可以迅速得出所需要的统计表或数据透视图。

本章将为读者讲解数据筛选、排序与数据透视表和透视图的应用。

本章导读

4.1 数据排序

在实际工作中,建立的数据清单在输入数据时,一般是按照数据的先后顺序进行输入。但是,当要直接从数据清单中查找所需的信息时,就很不方便。因此为了提高查找效率,需要重新整理数据,其中最有效的方法就是对数据进行排序。

排序就是把数据依照次序来排列,在计算机上处理数据时经常需要应用到这种功能。利用此功能,可以快速地将数据由大到小或由小到大排列,以列出排行榜。

4.1.1 数据排序

排序是将数据由大到小或由小到大依序排列,依其排序的方式分为两种,说明如下:
· 升序排序:数据由小到大排列。
· 降序排序:数据由大到小排列。
如图 4-1 所示是按完成率进行升序排序的效果,图 4-2 所示是按降序进行排序的效果。

	A	B	C	D
1	销售员年度销售情况			
2	姓名	销售任务	销售业绩	完成率
3	王五	95,497	91,337	95.60%
4	刘二	70,423	77,791	110.50%
5	洪大	62,885	84,519	134.40%
6	赵四	65,011	90,533	139.30%
7	李三	65,518	98,816	150.80%
8	陈二	52,879	85,957	162.60%

图 4-1

	A	B	C	D
1	销售员年度销售情况			
2	姓名	销售任务	销售业绩	完成率
3	陈二	52,879	85,957	162.60%
4	李三	65,518	98,816	150.80%
5	赵四	65,011	90,533	139.30%
6	洪大	62,885	84,519	134.40%
7	刘二	70,423	77,791	110.50%
8	王五	95,497	91,337	95.60%

图 4-2

数据要进行排序处理时,须指定排列的依据字段,此字段称为主要关键字。依关键字的类别不同,其比较大小的方式可能就不一样,说明如下:
· 数字:依照一般比较大小的方式。
· 中文:可以设定依照笔画或注音来排序。

4.1.2 单一键值的排序

排序时,若只以一个字段的值来当作排序依据,称为单一关键字的排序。
操作方法:
(1)单击要排序的数据所在列的任意一个单元格,再单击【数据】菜单选项卡中【筛选和排序】段落中的【升序】按钮 ，或【降序】按钮 。在这里单击【销售业绩】一列中的任一单元格,然后单击【升序】按钮,如图 4-3 所示。
(2)因为作用单元格是在【销售业绩】一列,所以完成后,根据分数字段的数值重新排列数据的顺序,如图 4-4 所示。

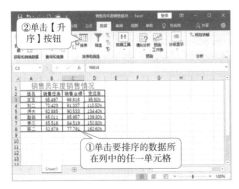

图 4-3   图 4-4

注意： 排序数据时，只要在要作为关键字的任一单元格上按一下鼠标左键即可，千万不要选取单元格，否则只会将单元格内的数据排序，其他对应的数据不会跟着移动位置，这会造成数据的错乱！

4.1.3 多个关键字排序

使用常用工具栏中的【升序】按钮或【降序】按钮排序非常方便，但是只能按单个字段名的内容进行排序。并且，依据关键字排序时，如果碰到相同的数据，还可以设定第 2 个、第 3 个次要关键字，让排序更符合需求。

要设定多个关键字的排序时，就不能靠【升序】按钮或【降序】按钮，必须打开【排序】对话框进行设置。

操作方法：

（1）移动鼠标到菜单栏选择【数据】选项卡，然后单击【排序和筛选】段落中的【排序】按钮，如图 4-5 所示。

（2）打开如图 4-6 所示的【排序】对话框。

·列：如果没有列标题，Excel 会列出列字母标签。表中有几列，则只有字母标签会使配置排序顺序变得困难。

·排序依据：其下拉列表默认为"单元格值"，这表示该值用于排序。这是典型的配置，但是也可以按单元格颜色或字体颜色进行排序。当设置条件格式时，这很有用，这将在下一部分中介绍。

·次序：其下拉列表指示要按升序还是降序对数据进行排序。

注意：【次序】选项最多可同时按 3 个字段的升序或降序顺序对数据清单进行排序。若要按 3 个以上字段排序，则必须重复使用两次或两次以上的排序操作方能完成。这时需要注意 Excel 排序的特性，当两个字段值大小相同时，它会保留原来或上次排序的顺序。因此，对于 3 个以上字段排序时，应将重要的字段放在后面处理。

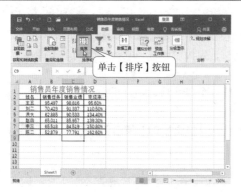

图 4-5

图 4-6

（3）在【主要关键字】下拉列表中选择【销售业绩】，【排序依据】选择【单元格值】，【次序】选择【升序】，如图 4-7 所示。

（4）单击【添加条件】按钮，在【次要关键字】下拉列表中选择【完成率】，【排序依据】选择【单元格值】，【次序】选择【升序】，如图 4-8 所示。

（5）单击【确定】按钮，结果如图 4-9 所示。

图 4-7

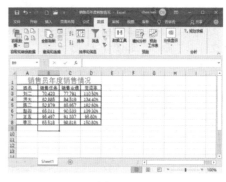

图 4-8

图 4-9

4.2　数据筛选

Excel 的数据筛选功能可以快速有效地帮助用户处理大量的数据，将想要的结果一一列出来，是分析数据的好帮手。

4.2.1　单条件筛选

与排序不同，筛选并不重排清单。筛选只是暂时隐藏不必显示的行。而且一次只能对工作表中的一个数据清单使用筛选命令。

筛选是查找和处理数据清单中数据子集的快捷方法。筛选清单仅显示满足条件的行，该条件由用户针对某列指定。自动筛选，包括按选定内容筛选，它适用于简单条件。

操作方法：

（1）在需要排序的数据清单中，单击任意一个单元格，在这里单击 D4 单元格，如图 4-10 所示。

（2）单击【数据】菜单选项卡中【排序和筛选】段落中的【筛选】按钮▼，如图 4-11 所示。

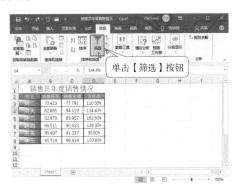

图 4-10

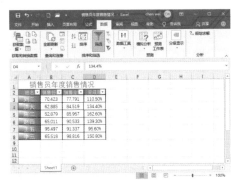

图 4-11

（3）这时表格中的每个单元格的列标题处就会出现下拉箭头，如图 4-12 所示。

（4）单击【完成率】右边的箭头，就会弹出下拉列表对话框，选择【数字筛选】|【大于或等于】命令，如图 4-13 所示。

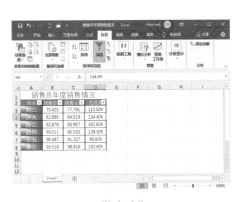

图 4-12

图 4-13

（5）在弹出的【自定义自动筛选方式】对话框的【大于或等于】后面的文本框中输入筛选的具体条件，如 100%，如图 4-14 所示。

（6）单击【确定】按钮，此时只显示出相应的记录，如图 4-15 所示。

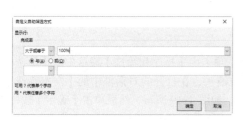

图 4-14

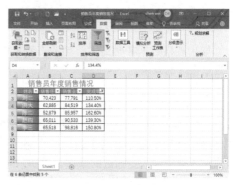

图 4-15

4.2.2　按照字数筛选

表格中需要筛选出两个字的姓名，或者 3 个字的姓名。若要筛选两个字的姓名，在筛选框中输入"？？"两个问号，若需要筛选 3 个字的姓名，在筛选框中输入"？？？"3 个问号即可。需要注意的是，输入问号前必须把输入法先切换到英文状态。

操作方法：

（1）打开"员工档案表 .xlsx"。

（2）选中整个表格，如图 4–16 所示。

（3）单击【数据】菜单选项卡中【排序和筛选】段落中的【筛选】按钮，然后单击【姓名】列标题右侧的下拉箭头，在打开的对话框中的【文本筛选】搜索输入框中输入英文输入状态下的两个问号"？？"，如图 4–17 所示，然后单击【确定】按钮。

（4）此时就会筛选罗列出只有两个名字的员工信息，如图 4–18 所示。

员工档案表

编号	姓名	性别	学历	出生年	联系电话	工龄	职称
0001	王艺	女	本科	75/3/2	138****2045	10	高级
0002	孙红艳	女	本科	75/1/7	139****5601	10	高级
0003	张宇春	女	专科	76/4/1	138****2560	10	高级
0004	李影	男	专科	76/2/1	135****5871	10	高级
0005	周畅	男	本科	81/5/27	159****5451	10	高级
0006	柯南	男	研究生	72/1/1	136****8438	10	高级
0007	何敏佳	女	本科	84/4/5	138****3919	8	中级
0008	汪湘	女	专科	76/2/2	135****4203	8	中级
0009	刘利明	男	研究生	83/2/5	136****4971	8	中级
0010	刘孙祥	男	本科	70/5/8	134****8877	6	中级
0011	向鹭惠	女	专科	75/4/20	133****6461	6	中级
0012	刘洁	女	研究生	81/1/1	135****9012	6	中级
0013	赵小军	男	本科	82/1/6	135****1012	5	中级
0014	石小波	男	本科	75/1/8	132****0881	5	中级
0015	赖菊	女	本科	82/5/6	137****7845	5	中级
0016	周萍	女	专科	83/7/6	139****0066	4	初级
0017	张成	男	研究生	81/9/10	132****6542	4	初级
0018	扬帆	男	本科	82/1/6	136****1245	4	初级
0019	胡兰	女	本科	84/1/1	135****5886	3	初级
0020	廖勇	男	本科	82/1/10	131****0812	3	初级
0021	邓鑫	女	本科	81/11/6	134****8888	1	初级
0022	杨恩	男	本科	83/12/1	137****9090	1	初级

图 4–16

图 4–17

员工档案表

编号	姓名	性别	学历	出生年	联系电话	工龄	职称
0001	王艺	女	本科	75/3/2	138****2045	10	高级
0004	李影	男	专科	76/2/1	135****5871	10	高级
0005	周畅	男	本科	81/5/27	159****5451	10	高级
0006	柯南	男	研究生	72/1/1	136****8438	10	高级
0008	汪湘	女	专科	76/2/2	135****4203	8	中级
0012	刘洁	女	研究生	81/1/1	135****9012	6	中级
0015	赖菊	女	本科	82/5/6	137****7845	5	中级
0016	周萍	女	专科	83/7/6	139****0066	4	初级
0017	张成	男	研究生	81/9/10	132****6542	4	初级
0018	扬帆	男	本科	82/1/6	136****1245	4	初级
0019	胡兰	女	本科	84/1/1	135****5886	3	初级
0020	廖勇	男	本科	82/1/10	131****0812	3	初级
0021	邓鑫	女	本科	81/11/6	134****8888	1	初级
0022	杨恩	男	本科	83/12/1	137****9090	1	初级

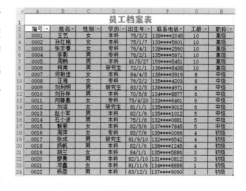

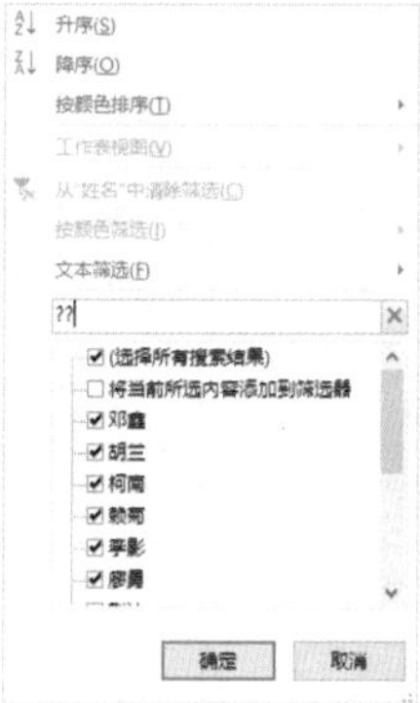

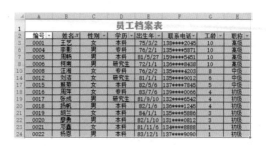

图 4–18

4.2.3 按关键词筛选

如果表格数据非常庞大，想要查看指定数据，找起来并不轻松，使用关键词筛选就会带来很好的效果。

操作方法：

（1）打开"员工档案表 .xlsx"。

（2）选中整个表格，单击【数据】菜单选项卡中【排序和筛选】段落中的【筛选】按钮▼，然后单击【姓名】列标题右侧的下拉箭头，在打开的对话框中的【文本筛选】搜索输入框中输入要筛选的条件，比如"周"，如图 4-19 所示，然后单击【确定】按钮。

（3）此时就会筛选罗列出所有周姓员工信息，如图 4-20 所示。

图 4-19　　　　　　　　　　　　图 4-20

4.2.4 多条件筛选

如果需要按多个条件进行筛选，只需单击两列或多列的筛选按钮即可完成！

操作方法：

（1）打开"员工档案表 .xlsx"。

（2）选中整个表格，单击【数据】菜单选项卡中【排序和筛选】段落中的【筛选】按钮▼。

（3）单击【性别】列标题右侧的下拉箭头，在打开的对话框中的【文本筛选】搜索输入框中输入要筛选的条件，比如"女"，如图 4-21 所示，然后单击【确定】按钮。

（4）单击【学历】列标题右侧的下拉箭头，在打开的对话框中的【文本筛选】搜索输入框中输入要筛选的条件，比如"本科"，如图 4-22 所示，然后单击【确定】按钮。

图 4-21　　　　　　　图 4-22

（5）此时得到的结果如图 4–23 所示。

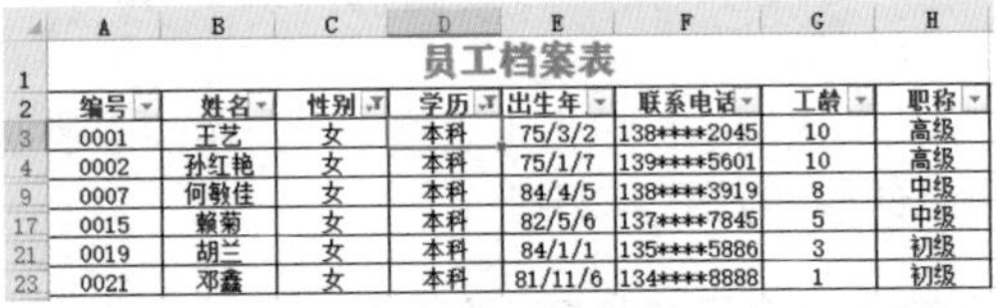

	A	B	C	D	E	F	G	H
1	员工档案表							
2	编号	姓名	性别	学历	出生年	联系电话	工龄	职称
3	0001	王艺	女	本科	75/3/2	138****2045	10	高级
4	0002	孙红艳	女	本科	75/1/7	139****5601	10	高级
9	0007	何敏佳	女	本科	84/4/5	138****3919	8	中级
17	0015	赖菊	女	本科	82/5/6	137****7845	5	中级
21	0019	胡兰	女	本科	84/1/1	135****5886	3	初级
23	0021	邓鑫	女	本科	81/11/6	134****8888	1	初级

图 4–23

4.3 数据透视表和透视图

本节将以“5 月牙膏销售统计表 .xlsx”工作簿为基础，创建一个数据透视表，对牙膏在 5 月的销售情况进行数据分析。

数据透视表是一种对大量数据快速汇总和建立交叉列表的动态工作表。它不仅具有转换行和列，以查看源数据的不同汇总效果、显示不同页面以筛选数据、根据需要显示区域中的细节数据、设置报告格式等功能，还具有链接图标的功能。数据透视图则是一个动态的图表，它是将创建的数据透视表以图表形式显示出来。

数据透视表及数据透视图是一种数据分类功能，可以把流水式的数据，依类别加以重整。只要适当地决定分类标准，就可以迅速得出所需要的统计表或数据透视图。无论是数据总表或分类视图，都只须轻松地拉拉菜单，就可以做好数据分类汇总的工作。建好的数据透视表或数据透视图，更能够再依据数据性质建立新的组合，使数据的分类更加完善。

数据透视表的元素有分页字段、数据项、行字段、项目、列字段等：

· 字段：描述字段内容的标志。一般为数据源中的标题行内容。可以通过选择字段对数据透视表进行透视。

· 筛选：基于数据透视表中进行分页的字段，可对整个透视表进行筛选。

· 列：信息的种类，等价于数据列表中的列。

· 行：在数据透视表中具有行方向的字段。

· 值：透视表中各列的表头名称。

· 更新：重新计算数据透视表，反映最新数据源的状态。

4.3.1 创建数据透视表

建立数据透视表时，只要选定数据透视表的来源数据类型，可以是 Excel 数据列表或数据库、汇总及合并不同的 Excel 数据、外部数据（例如：数据库文件、文字文件或因特网来源数据）、其他数据透视表（以相同的数据建立多份数据透视表，重复使用现有的数据透视表来建立新的数据透视表，这样还可以节省内存空间和磁盘空间，并将原始和新数据透视表连接在一起）等，根据范围，再决定竖排和横排的数据类别，Excel 就会自动产生所需的分析表。

操作方法：

（1）打开"5月牙膏销售统计表.xlsx"工作簿，选中A2至A15之间的所有行和列所在的单元格，如图4-24所示。

（2）选择【插入】菜单选项卡，单击【表格】段落中的【数据透视表】按钮，打开【创建数据透视表】对话框，如图4-25所示。

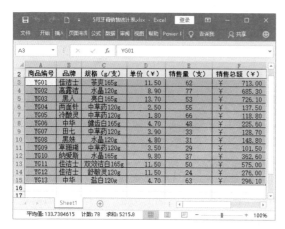

图4-24　　　　　　　　　　　　　　　　　　图4-25

· *数据源*：创建数据透视表所使用的数据列表清单或多维数据集。

（3）单击【确定】按钮，创建新的表格【Sheet2】，如图4-26所示。

图4-26

（4）在右侧的【数据透视表字段】任务窗格中的【选择要添加到报表的字段】列表框中，选择要添加的字段，这里选择所有的字段。此时生成的数据透视表如图4-27所示。

（5）单击的【关闭】按钮×，将任务窗格关闭。

如果只选择【品牌】、【规格】和【销售总额】3个字段，那么生成的透视表如图4-28所示。

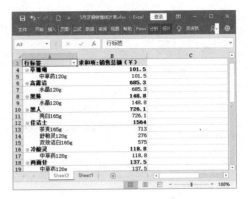

图 4-27　　　　　　　　　　　图 4-28

从图 4-28 可以清晰直观地看出每一种牙膏在 5 月的总销售额，并进行对比分析。

仔细观察数据透视表，会发现 Excel 依照所设定的方式将数据分类，并自动产生总计栏数据。原先零散的数据经过分析后，变成一目了然的表格。

4.3.2　隐藏数据项

建好数据透视表后，可以让某些数据项隐藏不显示，Excel 会自动根据所留下来的数据项，重新整理一份数据透视表。

操作方法：

（1）使用鼠标右键单击透视表任意单元格，从弹出菜单中选择【显示字段列表】命令，如图 4-29 所示。

（2）打开【数据表透视字段】任务窗格，在【选择要添加到报表的字段】列表框中，取消选择要隐藏的字段选项即可，如图 4-30 所示。

图 4-29　　　　　　　　　　　图 4-30

完成字段项的隐藏后，Excel 会自动重新整理生成一份数据透视表。

4.3.3 移除分类标签

除了隐藏不显示的数据项之外，也可以删除整个分类标签。

操作方法：

移动鼠标到数据透视表中要删除的分类标签所在列的任何一个单元格，按一下鼠标右键，从弹出菜单中选择【删除'XXX'（V）】命令即可，如图 4-31 所示。

完成数据标签的移除后，Excel 会自动重新整理生成一份数据透视表。

4.3.4 建立数据透视图

和数据透视表一样，只要设定数据范围，就可以画出数据透视图。数据透视图是在数据透视表的基础上建立的，所以在生成数据透视图的同时，会生成一个数据透视表。

操作方法：

（1）打开"5 月牙膏销售统计表 .xlsx"工作簿，选中 A2 至 A15 之间的所有行和列所在的单元格，如图 4-32 所示。

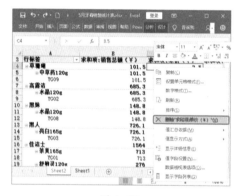
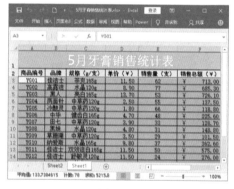

图 4-31   图 4-32

（2）选择【插入】菜单选项卡，单击【图表】段落中的【数据透视图】按钮，打开【创建数据透视图】对话框，如图 4-33 所示。

（3）单击【确定】按钮，创建新的表格【Sheet3】，如图 4-34 所示。

· 字段：描述字段内容的标志。一般为数据源中的标题行内容。可以通过选择字段选项对透视表进行透视。

· 筛选：基于数据透视表中进行分页的字段，可对整个透视表进行筛选。

· 列：信息的种类，等价于数据列表中的列。

· 行：在数据透视表中具有行方向的字段。

· 值：透视表中各列的表头名称。

· 更新：重新计算数据透视表和透视图，反映最新数据源的状态。

（4）在右侧的【数据透视表字段】任务窗格中的【选择要添加到报表的字段】列表框中，选择要添加的字段，这里选择所有的字段。此时生成的数据透视表和透视图如图 4-35 所示。

图 4-33

图 4-34

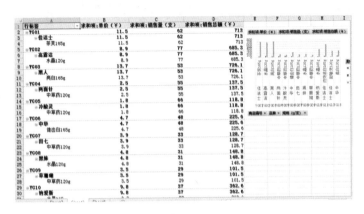
图 4-35

仔细观察生成的数据透视图，可以看到水平（类别）轴的内容压在了绘图区上，此时单击数据透视图，拖动下方的控制点扩大显示区范围，使得所有内容完整显示出来，如图 4-36 所示。

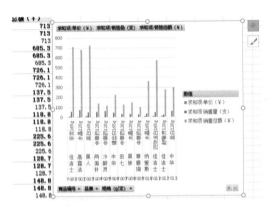
图 4-36

4.3.5 检视数据透视表

如果数据透视图中的数据项太多，也可以设定只检视部分数据所画出来的统计图。

操作方法：

单击透视图，在打开的【数据透视表字段】任务窗格的【选择要添加到报表的字段】列表框中，取消勾选不要的字段选项，如这里取消勾选【单价】字段选项，Excel就会重新画出新的数据透视图，如图4-37所示。

除了数据内容外，也可以从分类菜单中选择要检视的图表内容。

数据透视图和数据透视表的操作方法基本相同，只是一个以图形方式呈现，一个则是以表格方式呈现。

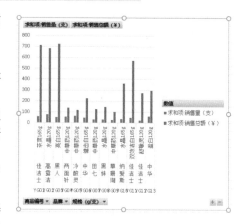

图 4-37

4.3.6 删除数据透视表

如果要删除数据透视表，则与删除表格的操作一样。

操作方法：

使用鼠标右键单击要删除的数据透视表对应的工作表标签，从弹出菜单中选择【删除】命令即可，如图4-38所示。

图 4-38

第 5 章

员工薪酬管理

本章导读

通过本节的学习，使用户能够利用 Excel 进行薪酬管理系统工作簿的制作，并从中学习掌握有关函数的应用、数据名称的定义方法、数据分类汇总功能和数据透视表、透视图功能的基本操作方法。

5.1 概述

薪酬管理是管理单位员工每月的各项薪酬，包括基本工资、考勤扣款、奖金、福利补贴、社会保险扣款等，单位性质不同，薪酬的计算项目也不相同。但是，用手工计算这些数据工作效率低，也容易出错。利用 Excel 进行薪酬管理能提高工作效率并规范管理企业人员的薪酬。同时，一旦建立了薪酬管理系统后，每月核算员工薪酬时，只需要更改少量的数据即可自动计算出每位员工的最终应发薪酬。这样，不仅能有效地减轻薪酬管理人员和财务人员的工作负担，而且能提高工作效率、规范工资核算，同时也为查询、汇总、管理工资数据提供极大的方便。

5.1.1 本章内容结构

本节的目的是建立一个员工薪酬管理系统工作簿，创建完成各种基本表页。如"员工基本情况表""员工基本工资表""员工福利表""员工社会保险表""员工考勤表"等，编制完成工资结算表并计算应发工资，生成并打印工资条；建立有关薪酬数据的统计分析。基本结构如图 5-1 所示。

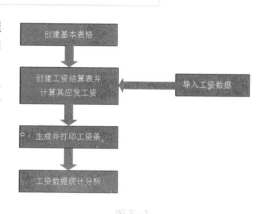

图 5-1

5.1.2 背景资料

某企业为生产型中小企业，现欲构建一个企业的薪酬管理系统，该企业 2020 年 7 月有关薪酬管理的基本资料如下。

1. 员工基本情况

如表 5-1 所示。

表 5-1　员工基本情况表

编号	姓名	部门	职务	职称	性别	参加工作时间
1	李东	企划部	主任	工程师	男	2015/9/15
2	张铭	设计部	经理	工程师	男	2012/8/9
3	赵刚	设计部	设计人员	助理工程师	男	2018/8/3
4	靳东	企划部	企划专员	助理工程师	男	2017/9/6

编号	姓名	部门	职务	职称	性别	参加工作时间
5	许阳	销售部	销售人员	助理工程师	女	2019/2/5
6	程丽	企划部	企划专员	助理工程师	女	2019/4/23
7	赵晓	生产部	主任	工程师	女	2008/8/1
8	刘涛	销售部	经理	工程师	女	2009/8/3
9	辛浪	销售部	销售人员	助理工程师	男	2019/12/1
10	封明	生产部	生产人员	助理工程师	男	2015/4/1

2. 员工基本工资

如表 5-2 所示。

表 5-2　员工基本工资表

编号	姓名	部门	基础工资	岗位工资	工龄工资	基本工资
1	李东	企划部	12000.00	1000.00	300.00	13300.00
2	张铭	设计部	8000.00	800.00	300.00	9100.00
3	赵刚	设计部	5000.00	600.00	100.00	5100.00
4	靳东	企划部	5000.00	600.00	150.00	5150.00
5	许阳	销售部	3000.00	500.00	50.00	3600.00
6	程丽	企划部	5000.00	600.00	50.00	5650.00
7	赵晓	生产部	6000.00	2000.00	300.00	8300.00
8	刘涛	销售部	5000.00	2000.00	300.00	7300.00
9	辛浪	销售部	3000.00	500.00	50.00	3550.00
10	封明	生产部	3000.00	500.00	300.00	3800.00

3. 员工福利

如表 5-3 所示。

表 5-3　员工福利表

编号	姓名	部门	住房补贴	伙食补贴	医疗补助	合计
1	李东	企划部	800.00	200.00	100.00	1100.00
2	张铭	设计部	800.00	200.00	100.00	1100.00
3	赵刚	设计部	500.00	200.00	100.00	800.00
4	靳东	企划部	500.00	200.00	100.00	800.00
5	许阳	销售部	500.00	200.00	100.00	800.00
6	程丽	企划部	500.00	200.00	100.00	800.00
7	赵晓	生产部	800.00	200.00	100.00	1100.00
8	刘涛	销售部	800.00	200.00	100.00	1100.00
9	辛浪	销售部	500.00	200.00	100.00	800.00
10	封明	生产部	500.00	200.00	100.00	800.00

4. 员工社会保险

如表 5-4 所示。

表 5-4　员工社会保险表

编号	姓名	部门	养老保险	失业保险	医疗保险	合计
1	李东	企划部	262.56	16.41	65.64	344.61
2	张铭	设计部	262.56	16.41	65.64	344.61
3	赵刚	设计部	262.56	16.41	65.64	344.61
4	靳东	企划部	262.56	16.41	65.64	344.61
5	许阳	销售部	262.56	16.41	65.64	344.61
6	程丽	企划部	262.56	16.41	65.64	344.61
7	赵晓	生产部	262.56	16.41	65.64	344.61
8	刘涛	销售部	262.56	16.41	65.64	344.61
9	辛浪	销售部	262.56	16.41	65.64	344.61
10	封明	生产部	262.56	16.41	65.64	344.61

5. 员工考勤

如表 5-5 所示。

表 5-5　员工考勤表

编号	姓名	部门	病假天数	事假天数
1	李东	企划部	—	—
2	张铭	设计部	2	—
3	赵刚	设计部	—	3
4	靳东	企划部	1	—
5	许阳	销售部	—	4
6	程丽	企划部	—	—
7	赵晓	生产部	4	—
8	刘涛	销售部	—	—
9	辛浪	销售部	—	2
10	封明	生产部	—	—

请假扣款计算公式：

请假扣款 =50×（病假天数 + 事假天数）

即请假一天扣 50 元，无论是事假还是病假。

6. 员工业绩考核

如表 5-6 所示。

表 5-6　员工业绩考核表

编号	姓名	部门	销售业绩额	业绩奖金
1	李东	企划部	—	—
2	张铭	设计部	—	—
3	赵刚	设计部	—	—
4	靳东	企划部	—	—
5	许阳	销售部	500000	500
6	程丽	企划部	—	—
7	赵晓	生产部	—	—
8	刘涛	销售部	800000	800
9	辛浪	销售部	200000	200
10	封明	生产部	—	—

7. 月个人所得税税率

如表 5-7 所示。

表 5-7　月个人所得税税率表

级数	全月应纳税所得额	税率（%）	速算扣除数
1	月应纳税所得额 ≤ 5000 元	3	0
2	5000 元 < 月应纳税所得额 ≤ 12000 元	10	210
3	12000 元 < 月应纳税所得额 ≤ 25000 元	20	1410
4	25000 元 < 月应纳税所得额 ≤ 35000 元	25	2660
5	35000 元 < 月应纳税所得额 ≤ 55000 元	30	4410
6	55000 元 < 月应纳税所得额 ≤ 80000 元	35	7160
7	超过 80000 的部分	45	15160

所得税计算方法如下：

应纳税所得额 = 月收入 – 起征点 – 社会保险

个人所得税 = 应纳税所得额 × 税率 – 速算扣除数

（本项目中涉及的个税起征点按照 2018 年 10 月 1 日起实施的最新起征点 5000 元标准来设计）

8. 工作准备

首先建立一个名为"员工薪酬管理系统"的工作簿，在此工作簿中建立"员工基本情况表""员工基本工资表""员工福利表""员工考勤表""员工社会保险表""员工业绩考核表"，各工作部门分别完成其对应的任务，具体操作参见下一节内容。

5.2 建立员工基本情况表

员工基本情况表是企业员工的基本信息的汇总表，其中包括每个员工的编号、姓名、所属部门、职务、职称、性别、参加工作时间、联系电话、银行账号等。

操作方法：

（1）单击"员工基本情况表"工作表。

（2）单击单元格 A1，输入标题"员工基本情况表"。

（3）选中 A1：G1 单元格区域，单击【开始】菜单选项卡中的【单元格】段落中的【格式】图标按钮，在弹出的下拉菜单中选择【设置单元格格式】命令，如图 5-2 所示。

（4）在打开的【设置单元格格式】对话框中单击切换到【对齐】选项卡，选择【水平对齐】为居中，【垂直对齐】为居中，选中【合并单元格】单选项，如图 5-3 所示。

（5）单击切换到【字体】选项卡，选择【字体】为方正粗黑宋简体，【字形】为常规，【字号】为 14，【下划线】为会计用双下划线，如图 5-4 所示。然后单击【确定】按钮，退出【设置单元格格式】对话框。

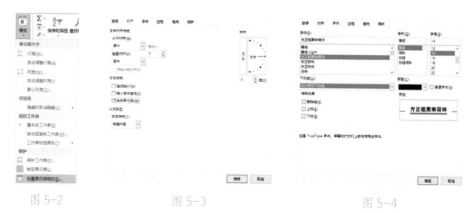

图 5-2   图 5-3   图 5-4

（6）在 A2 至 G2 区域依次输入员工基本情况表的表头：编号、姓名、部门、职务、职称、性别和参加工作时间，如图 5-5 所示。

（7）选择单元格区域 A2：G12，如图 5-6 所示。

（8）使用鼠标右键单击被选中区域，在弹出菜单中选择【设置单元格格式】命令，如图 5-7 所示。

（9）在弹出的【设置单元格格式】对话框中单击切换到【边框】选项卡，单击【外边框】【内部】，如图 5-8 所示。然后单击【确定】按钮，退出【设置单元格格式】对话框。

（10）此时，整个表格效果如图 5-9 所示。

图 5-5

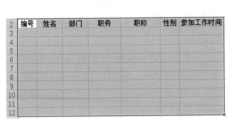

图 5-6

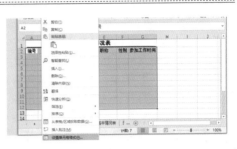

图 5-7

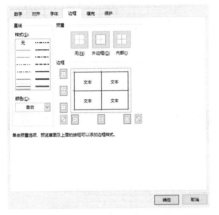

图 5-8

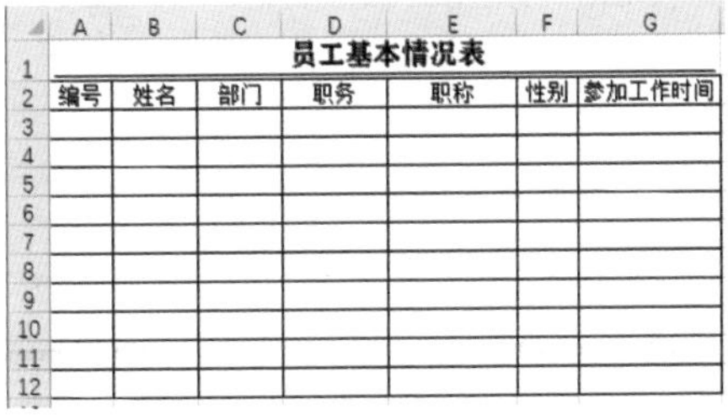

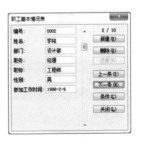

图 5-9

（11）根据表 5-1，依次录入员工基本情况数据，完善“员工基本情况表”，如图 5-10 所示。可采用记录单的方式录入数据，如图 5-11 所示。

员工基本情况表

编号	姓名	部门	职务	职称	性别	参加工作时间
1	李东	企划部	主任	工程师	男	2015/9/15
2	张铭	设计部	经理	工程师	男	2012/8/9
3	赵刚	设计部	设计人员	助理工程师	男	2018/8/3
4	靳东	企划部	企划专员	助理工程师	男	2017/9/6
5	许阳	销售部	销售人员	助理工程师	女	2019/2/5
6	程丽	企划部	企划专员	助理工程师	女	2019/4/23
7	赵晓	生产部	主任	工程师	女	2008/8/1
8	刘涛	销售部	经理	工程师	女	2009/8/3
9	辛浪	销售部	销售人员	助理工程师	男	2019/12/1
10	封明	生产部	生产人员	助理工程师	男	2015/4/1

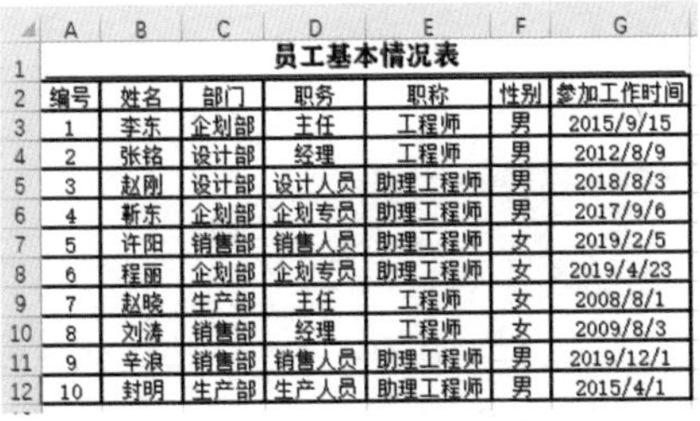

图 5-10

图 5-11

5.3 建立员工基本工资表

员工基本工资表是用来记录员工的工资结构和数据的表格，包括的项目有编号、姓名、部门、基础工资、岗位工资、工龄工资和基本工资等。在实际工作中，员工基本工资表可根据各个企业的不同情况进行设计。

操作方法：

（1）设置"员工基本工资表"格式的方法与前面的"员工基本情况表"的建立类似，此处不作赘述。在第一行输入标题"员工基本工资表"，然后设置单元格格式，包括设置文本对齐方式、字体等，画表格线，输入表格表头：编号、姓名、部门、基础工资、岗位工资、工龄工资和基本工资。

（2）表格内前三列编号、姓名、部门与"员工基本情况表"内的前三列相同，因此可使用公式直接输入，单击 A3 单元格，在公式编辑栏输入公式：= 员工基本情况表 !A3，如图 5-12 所示。

图 5-12

（3）单击 B3 单元格，在公式编辑栏输入公式：= 员工基本情况表 !B3。

（4）单击 C3 单元格，在公式编辑栏输入公式：= 员工基本情况表 !C3，

（5）利用 Excel 的自动填充功能，选择 A3：C3 区域，将鼠标放置在 C3 单元格右下角，当出现十字形时，单击鼠标左键，向下拖动至 C12 单元格，松开鼠标

左键后，A3：C12 自动显示数据。

（6）根据表 5-2，输入各项员工工资数据。

（7）G 列的基本工资实际是前面各项工资的总和，所以可以在 G3 中输入公式：=SUM（D3:F3），自动计算基本工资，如图 5-13 所示。

图 5-13

（8）利用 Excel 的自动填充功能计算各行基本工资，结果如图 5-14 所示。

图 5-14

5.4 建立员工福利表

员工福利表是用来记录各个员工的基本福利的表格，包括住房补贴、伙食补贴、医疗补助等，企业可根据自身情况增加或减少各项福利。

操作方法：

（1）设置"员工福利表"的格式的方法与设置"员工基本情况表"类似，在此不作赘述。在第一行输入标题"员工福利表"，然后设置单元格格式，包括文本对齐方式、字体等，画表格线，输入表格

表头：编号、姓名、部门、住房补贴、伙食补贴、医疗补助和合计。

（2）表格内前三列编号、姓名、部门与员工基本情况表内的前三列相同，因此可使用公式直接输入，单击 A3 单元格，在公式编辑栏输入公式：= 员工基本情况表 !A3。

（3）单击 B3 单元格，在公式编辑栏输入公式：= 员工基本情况表 !B3。

（4）单击 C3 单元格，在公式编辑栏

输入公式：＝员工基本情况表 !C3。

（5）利用 Excel 的自动填充功能，选择 A3：C3 区域，将鼠标放置在 C3 单元格右下角，当出现十字形时，单击鼠标左键，向下拖动至 C12 单元格，松开鼠标左键后，A3：C12 自动显示数据。

（6）按照上一节的方法导入表内前三列的数据。

（7）根据表 5-3 输入余下的数据，合计部分可以使用 SUM 函数自动计算。最后的结果如图 5-15 所示。

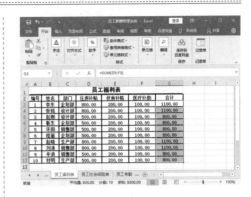

图 5-15

5.5 建立员工社会保险表

员工社会保险表是用来记录各个员工缴纳的各项社会保障费用，包括养老保险、失业保险、医疗保险等，企业可根据员工缴纳各项保险的情况进行计算。

操作方法：

（1）设置"员工社会保险表"格式的方法与"员工基本情况表"类似，在此不作赘述。在第一行输入标题"员工社会保险缴纳一览表"，设置单元格格式，包括文本对齐方式、字体等，画表格线，输入表格表头：编号、姓名、部门、养老保险、失业保险、医疗保险和合计。

（2）表格内前三列编号、姓名、部门与员工基本情况表内的前三列相同，因此可使用公式直接输入，单击 A3 单元格，在公式编辑栏输入公式：＝员工基本情况表 !A3。

（3）单击 B3 单元格，在公式编辑栏输入公式：＝员工基本情况表 !B3。

（4）单击 C3 单元格，在公式编辑栏输入公式：＝员工基本情况表 !C3。

（5）利用 Excel 的自动填充功能，选择 A3：C3 区域，将鼠标放置在 C3 单元格右下角，当出现十字形时，单击鼠标左键，向下拖动至 C12 单元格，松开鼠标左键后，A3：C12 自动显示数据。

（6）根据表 5-4 的内容输入员工各项基本社会保险费用。

（7）单击 G3 单元格，在公式编辑栏内输入公式：=SUM（D3：F3）（合计＝养老保险＋失业保险十医疗保险）。单击回车键，G3 单元格内便自动显示合计数。

（8）利用自动填充功能将该列其他单元格数据填充完毕。最后的结果如图 5-16 所示。

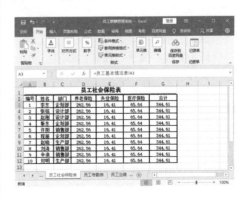

图 5-16

5.6 建立员工考勤表

员工考勤表是用来记录各个员工平时的出勤情况，根据每个人的出勤情况计算应扣发的工资的表格。

操作方法：

（1）设置"员工考勤表"格式的方法与"员工基本情况表"类似，在此不作赘述。在第一行输入标题"员工考勤表"，设置单元格格式，包括文本对齐方式、字体等。画表格线，输入表格表头，单击F2单元格，输入"扣款合计"。

（2）表格内前三列编号、姓名、部门与员工基本情况表内的前三列相同，因此可使用公式直接输入，单击A3单元格，在公式编辑栏输入公式：= 员工基本情况表 !A3。

（3）单击B3单元格，在公式编辑栏输入公式：= 员工基本情况表 !B3。

（4）单击C3单元格，在公式编辑栏输入公式：= 员工基本情况表 !C3。

（5）利用 Excel 的自动填充功能，选择 A3：C3 区域，将鼠标放置在 C3 单元格右下角，当出现十字形时，单击鼠标左键，向下拖动至 C12 单元格，松开鼠标左键后，A3：C12 自动显示数据。

（6）根据表 5-5 录入数据。

（7）单击 F3 单元格，在公式编辑栏输入公式：=50×（D3+E3），单击回车键，F3 单元格会自动显示扣款合计。

（8）利用自动填充功能计算每行的扣款合计。最后的结果如图 5-17 所示。

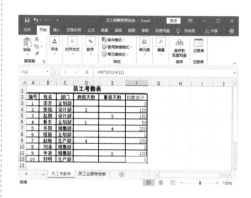

图 5-17

5.7 建立员工业绩考核表

员工业绩考核表是用来统计员工业绩表现的数据以及所应获得的业绩奖金的记录。其项目主要包括编号、姓名、部门、销售业绩额和业绩总奖金等。

操作方法：

（1）设置"员工业绩考核表"格式的方法与"员工基本情况表"类似，在此不作赘述。在第一行输入标题"员工业绩考核表"，设置单元格格式. 包括文本对齐方式、字体等。画表格线，输入表格表头：编号、姓名、部门、销售业绩额、业绩奖金。

（2）表格内前三列编号、姓名、部门与员工基本情况表内的前三列相同，因此可使用公式直接输入，单击A3单元格，在公式编辑栏输入公式：= 员工基本情况表 !A3。

（3）单击B3单元格，在公式编辑栏输入公式：= 员工基本情况表 !B3。

（4）单击C3单元格，在公式编辑栏输入公式：= 员工基本情况表 !C3。

（5）利用 Excel 的自动填充功能，选择 A3：C3 区域，将鼠标放置在 C3 单元格右下角，当出现十字形时，单击鼠标左键，向下拖动至C12单元格，松开鼠标左键后，A3：C12自动显示数据。

（6）根据表5-6的内容输入员工业绩考核内容。最后的结果如图5-18所示。

图5-18

5.8　创建员工工资结算单

员工工资结算单是由员工基本工资表、员工福利表、员工考勤表、员工业绩考核表中的各项数据组合而成，但是如果逐一填入数据，会非常烦琐，而且容易出错。因此，可以利用Excel的定义数据名称功能和引用函数功能从各个表格中提取数据，简化操作。

操作方法：

（1）建立工作表"各类费用比率"，确定各类计算比率，如图5-19所示。

（2）激活"员工基本工资表"，选择数据区域A2：G12。

（3）单击菜单栏中的【公式】|【定义的名称】|【定义名称】|【定义名称】，如图5-20所示。

	A	B	C	D
1		各类费用比率		
2				
3		个人所得税		
4	级数	全月应纳税所得额	税率（%）	速算扣除数
5	1	月应纳税所得额≤5000元	3	0
6	2	5000元＜月应纳税所得额≤12000元	10	210
7	3	12000元＜月应纳税所得额≤25000元	20	1410
8	4	25000元＜月应纳税所得额≤35000元	25	2660
9	5	35000元＜月应纳税所得额≤55000元	30	4410
10	6	55000元＜月应纳税所得额≤80000元	35	7160
11	7	超过80000的部分	45	15160
12				
13				
14		工资费用分配		
15	项目	扣除比率		
16	员工福利费	14%		
17	工会经费	2%		
18	教育经费	1.50%		

图5-19

图5-20

（4）在弹出的【新建名称】对话框中的【名称】文本框内输入员工基本工资表，并在【引用位置】栏显示所选择要应用的数据表及数据位置，如图5-21所示。

（5）单击【确定】按钮，完成数据名称的定义。

（6）按上述方法分别对员工福利表、员工社会保险表、员工考勤表、员工业绩考核表进行名称定义。全部定义完成后，菜单栏中的【公式】|【定义的名称】|【名称管理器】，

在打开的【名称管理器】对话框中可以查看所创建的全部名称，如图 5-22 所示。

图 5-21　　　　　　　　　　　　　　　图 5-22

（7）创建一个名为"员工工资结算单"的新表，其单元格格式的设置方法与"员工基本情况表"类似，在此不作赘述。在第一行输入标题"员工工资结算单"，设置单元格格式，包括文本对齐方式、字体等，画表格线，输入表格表头编号、姓名、部门、基础工资、岗位工资、工龄工资、住房补贴、伙食补贴、医疗补助、业绩奖金、养老保险、失业保险、医疗保险、请假扣款、应发工资、应扣所得税和实发工资，如图 5-23 所示。

图 5-23

（8）前面三列员工基本信息的输入方法在 5.3 节中已作介绍，在此不作赘述。

（9）以计算李东的基础工资为例。单击选中 D3 单元格，然后单击菜单栏中的【公式】|【函数库】|【插入函数】，如图 5-24 所示。

（10）在弹出的【插入函数】对话框中，在【或选择类别】下拉列表中选择【查找与引用】，如图 5-25 所示。

（11）在【选择函数】列表框中选择 VLOOKUP 函数，然后单击【确定】按钮，如图 5-26 所示。

图 5-24

（12）在弹出的【函数参数】对话框中，在【Lookup_value】文本框中输入 A3，在【Table_array】文本框中输入员工基本工资表，在【Col_index_num】文本框中输入 4，在【Range_lookup】文本框中输入 0，如图 5-27 所示。

（13）单击【确定】按钮，则在员工工资结算单中的 D3 单元格会自动得出数据。

图 5-25

图 5-26

在输入数据时，对已经定义名称的数据表，可以在 LOOKUP 函数参数设置中直接引用。

（14）用同样方法输入 D3:D12 区域的其他数据，结果如图 5-28 所示。

图 5-27

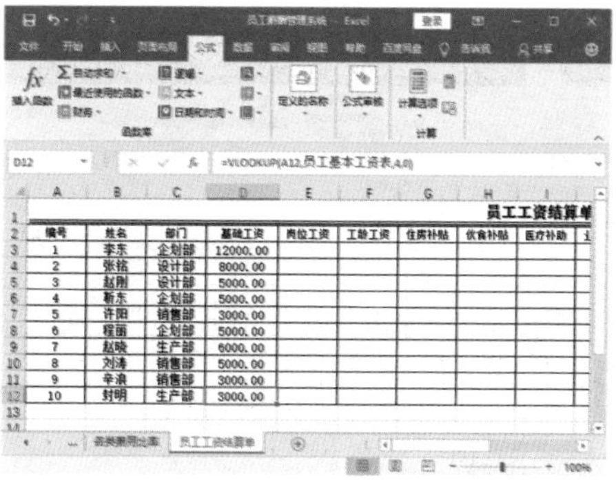

图 5-28

（15）用同样方法完成输入岗位工资、工龄工资、住房补贴、伙食补贴、医疗补助、业绩奖金、养老保险、失业保险、医疗保险、请假扣款。

需要注意的是，关于 VLOOKUP 函数的参数设置对话框中的【Col_index_num】参数，代表返回值的列数。

（16）在 O3 单元格输入：=SUM（D3:J3）–SUM（K3:N3）。

（17）使用自动填充功能计算出所有人的应发工资。

（18）对照"各类费用比率"工作表，在 P 列计算出个人所得税。

（19）单击 Q3 单元格，输入公式：=O3–P3，得到实发工资。

（20）使用自动填充功能计算出所有人的实发工资。

5.9　生成员工工资条

工资条是发放给企业员工的工资清单，其中要求员工的每一项工资数据都清晰记录，包括工资的各个组成部分的数值。

操作方法：

（1）将"员工工资结算单"的内容复制到工资条。

（2）单击第四行任意单元格，然后单击菜单栏中的【开始】|【单元格】|【插入】|【插入工作表行】，此操作在各个员工之间进行两次，结果如图 5-29 所示。

（3）单击第二行，单击鼠标右键选择【复制】。

（4）单击 A5 单元格，单击鼠标右键选择【粘贴】，用同样的方法粘贴其他员工工资信息的标题。结果如图 5-30 所示。

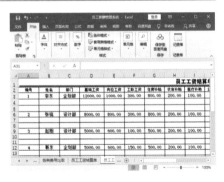

图 5-29

（5）选择 A4:Q4 单元格区域，单击菜单栏上的【开始】|【单元格】|【格式】|【设置单元格格式】，在弹出的【设置单元格格式】对话框中，选择【边框】选项卡，将边框样式改为只有上边框和下边框，如图 5-31 所示。

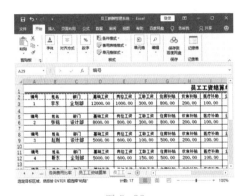

图 5-30

图 5-31

（6）单击【确定】按钮，结果如图 5-32 所示。

（7）选中第四行，双击工具栏的【格式刷】按钮，然后分别单击第 7 行、10 行、13 行、16 行、19 行、22 行、25 行、28 行，消除这些行的网格竖线。消除完毕后，单击格式刷按钮。完成后的效果如图 5-33 所示。

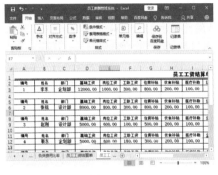

图 5-32

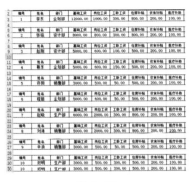

图 5-33

5.10　创建工资总额汇总表

工资总额汇总表是对工资数据进行分析的表格，需要将相同类型的数据统计出来，这也就是数据的分类和汇总，Excel 中提供了两种功能进行分析，一种功能是分类汇总功能；另一种功能是数据透视表功能。

操作方法：

（1）将"员工工资结算单"的内容复制到工作表"员工工资汇总表"，修改表的名称和标题为"员工工资汇总表"。

（2）单击任何一个单元格，然后单击菜单栏中的【数据】|【排序和筛选】|【排序】，如图 5-34 所示。

（3）在打开的【排序】对话框中，在【主要关键字】下拉列表中选择【部门】，单击【确定】按钮，如图 5-35 所示。

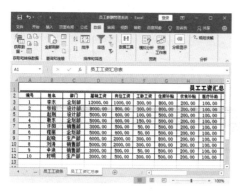

图 5-34

图 5-35

（4）单击数据清单中任意一个非空单元格，单击菜单栏中的【数据】|【分级显示】|【分类汇总】，如图 5-36 所示。

图 5-36

（5）在弹出的【分类汇总】对话框中按图所示进行设置。对话框中的【分类字段】选择【部门】，【汇总方式】选择【求和】，取消【替换当前分类汇总】复选框，如图 5-37 所示。从图 5-37 中可以发现，除了按照部门进行汇总，还可以按照各类工资、福利费、社会保险费、合计等进行汇总，汇总的方式多种多样，企业可以根据自身的需要进行设置。

（6）单击【确定】按钮，分类汇总结果如图 5-38 所示。

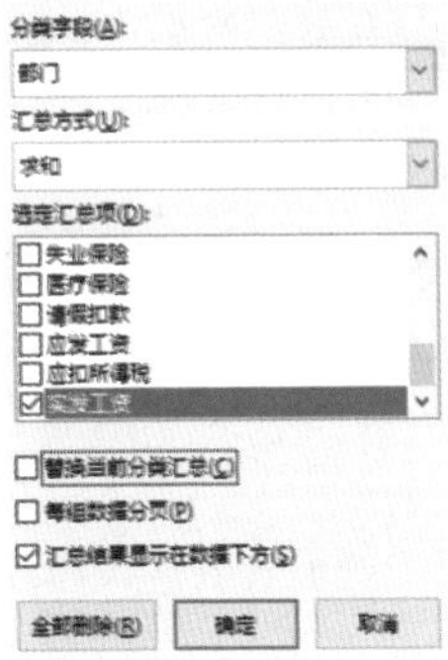

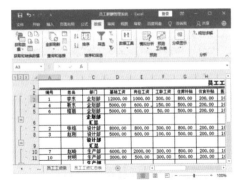

图 5-37   图 5-38

图 5-38 中左边的【－】为隐藏按钮，单击此按钮将隐藏本级的明细数据，同时【－】变为【＋】。

（7）单击菜单栏中的【插入】|【表格】|【数据透视表】，如图 5-39 所示。

图 5-39

（8）打开【创建数据透视表】对话框，如图 5-40 所示。

（9）单击【表/区域】右侧的按钮⬆，选择要建立数据透视表的数据区域，在"员工工资结算单"工作表中选择 A2:Q12 区域，如图 5-41 所示。

   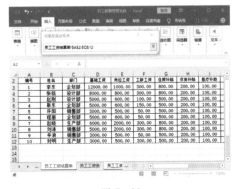

图 5-40   图 5-41

（10）选择完毕后单击右边的折叠按钮⬇，返回到【创建数据透视表】对话框中，单击选择【选择要放置数据透视表的位置】下面的【现有工作表】选项，如图 5-42 所示。

（11）然后单击【员工工资汇总表】工作表的空白处，此时在【现有工作表】下方的文本框中会出现生成透视表显示的位置，如图 5-43 所示。

（12）单击【确定】按钮，此时在"员工工资汇总表"工作表的右侧，出现【数据透视表字段】窗口，如图 5-44 所示。

（13）在【选择要添加到报表的字段】列表框中，选中【部门】名称将其添加到【行】中，如图 5-45 所示。

（14）将【应发工资】添加到【行】区域，如图 5-46 所示。

图 5-42

图 5-43

图 5-44

图 5-45

行标签	求和项:应发工资
企划部	26316.17
设计部	15760.78
生产部	13110.78
销售部	17266.17
总计	72453.9

图 5-46

5.11 建立工资费用分配表

工资费用分配表是在每月月末，企业将本月的应付员工薪酬按照其发生的地点、部门与产品的关系进行分配，编制工资费用分配表，并根据表中的各个项目分别计入相关账户。各类附加费用的计提比例一般为：员工福利费按工资总额的 14% 计提、工会经费按工资总额的 2% 计提，员工教育经费按工资总额的 1.5% 计提。

操作方法：

（1）建立新的工作表，命名为"工资费用分配表"。

（2）输入"工资费用分配表"的内容，如图 5-47 所示。

（3）以企划部的工资总额为例，单击 B3 单元格，在公式编辑栏内输入公式：=SUMIF（员工工资结算单 !C:C,A3,员工工资结算单 !O:O）。公式的含义是：在"员工工资结算单"内 C 列中所有满足条件为部门是企划部的 O 列数字相加，填入到 B3 单元格中。

图 5-47

157

利用自动填充功能计算其他部门的员工工资总和，如图 5-48 所示。

（4）单击 C3 单元格，在公式编辑栏内输入公式：=B3*0.14（员工福利费 = 工资总额 ×14%），再使用自动填充功能计算各部门员工福利费，如图 5-49 所示。

图 5-48   图 5-49

（5）用同样方法计算工会经费、员工教育经费。工会经费 = 工资总额 ×2%，员工教育经费 = 工资总额 ×1.5%，结果如图 5-50 所示。

（6）单击 A7 单元格，输入"总计："。单击 B7 单元格，利用 SUM 函数，计算出各项汇总数据。结果如图 5-51 所示。

图 5-50   图 5-51

（7）选择 A7 到 E7 之间的单元格，在【设置单元格格式】对话框的【边框】选项卡中，按照如图 5-52 所示设置。

（8）单击【确定】按钮，结果如图 5-53 所示。

图 5-52   图 5-53

第 6 章

固定资产管理

本章导读

　　固定资产是指使用期限超过一年，单位价值在规定的标准以上，并且在使用过程中保持原有物质形态的资产，包括房屋及建筑物、机器设备、运输设备，以及达到标准的工具和器具等。即从经济学原理解释，固定资产的实质是企业不可缺少的主要劳动资料的部分。

　　通过本节的学习，使用户能够利用 Excel 进行固定资产卡片的制作，并从中学习掌握 Excel 数据有效性定义、有关函数的应用、筛选功能等。

6.1 固定资产管理概述

从财务管理角度来看，固定资产是企业资金运用于长期投资部分的重要方面，是资金循环相对比较缓慢、随机变现或转化为其他资金形态灵活性又相对比较差的那部分长期资产。固定资产在企业总资产中占的比例很大，固定资产投资又是企业维持简单再生产或扩大再生产的重要组成部分，因此，进行科学的固定资产和固定资产投资管理是非常必要的。

6.1.1 固定资产的特点

企业的固定资产与流动资产及其他长期资产相比，表现出以下4个方面的特点：

1）固定资产的价值转移及补偿方式有其特殊性

固定资产的物质结构以逐步损耗为形式，其价值也相应地一部分一部分通过折旧的方式摊入产品成本，然后随着产品销售或产品价值的实现，一部分一部分地加以回收与补偿。

2）投资的相对集中与回收的分散

固定资产的投资由于其物质结构组合复杂且价值相对较大，投资必定相对集中；而价值的转移与补偿表现为一种逐步的方式，所以又决定了其投资的回收将分散于相当多次的生产经营活动中。这个特点显示出固定资产投资的风险性。

3）价值补偿与实物更新是相分离的

固定资产通过折旧从产品价值的实现中达到补偿，其补偿是分散的、逐步的，而更新却是集中的、一次性的。这个特点意味着必须研究固定资产折旧原理，寻找合理的折旧思想和方法，保证固定资产的简单再生产。

4）固定资产具有较长的使用寿命

在实际经营中，固定资产的长寿存在着实际使用寿命与经济寿命的差异。注意这种差异，有利于提高固定资产使用效益，同时减少固定资产的投资风险。

6.1.2 固定资产的分类

以固定资产使用情况为标志的分类是固定资产管理中常用的一种分类方法，共分为以下为7类。

1）生产经营用固定资产

指企业为生产经营而构建的厂房及建筑物、各类设备、机动车辆、船舶等。

2）非生产经营用固定资产

指企业在生产经营过程中，非直接作用于生产经营环节的房屋及建筑物、各类设备等。

3）融资租入的固定资产

指企业以筹资为目的而租入的生产经营用设备。

4）出租的固定资产

指企业出租在外带有多种经营成分的企业自有固定资产。

5）未使用的固定资产

指企业用非购入手段所取得的、尚处于安装状态的固定资产（如捐赠调入），以及其他特殊原因停用的设备。

6）不需用的固定资产

指企业不再需用，尚处于待处理状态

的设备。

7）土地

6.1.3 固定资产管理要求

固定资产是企业的主要劳动资料，是企业维持简单再生产或进行扩大再生产的重要组成内容，因此，对固定资产的管理有如下要求：

1. 正确测定固定资产的需要量

正确测定一个企业的固定资产需要量，是确定其生产经营资金需求量的重要前提之一，是合理安排长短期资金结构的重要前提之一。因此，正确测定固定资产的需要量有利于加快企业资金周转，提高经济效益。

2. 加强固定资产投资效益的预测分析

固定资产投资一般以固定资产更新与扩建为具体内容，其经济效益的表现过程属于长期投资的行为，因此，对固定资产投资效益的预测分析，对相应减少企业的投资风险具有重要意义。

3. 正确计提固定资产折旧

固定资产因投入使用而发生损耗，并利用会计方法把那部分损耗逐步计入产品成本中去的过程便是折旧的含义。因此，正确计提固定资产折旧对产品成本的形成、产品销售利润的形成、纳税额的确定等都具有重要的意义。

4. 其他

（1）加强固定资产的日常管理，提高固定资产的利用效果。

（2）定期地对固定资产利用效果进行分析与评价。

6.2 折旧函数

折旧是指固定资产因投入使用而发生的损耗。固定资产损耗分为有形损耗和无形损耗两部分。有形损耗是指固定资产实际使用磨损与自然力侵蚀两者的结合。而无形损耗则是指劳动生产力的提高，社会必要劳动量的减少，引起相同固定资产市场价值的相对下降带来的损耗；更为主要的是，社会科学技术的进步，使原有的、使用价值较为落后的固定资产不断被更新和替代，从而引起原有固定资产价值的相对下降。

对固定资产损耗的补偿，主要依赖于基本折旧的形式。但是为了保证固定资产在使用年限内的整体功能的发挥以及对基本折旧形式的补充，也可以辅以大修理费用的预提或摊配等形式。

企业下列固定资产属于应计折旧的范围：

（1）不论处于使用还是未使用状态下的房屋建筑物。

（2）在使用中的机器设备、仪器仪表、运输车辆、工具器具等。

（3）季节性停用和修理停用的设备。

（4）经营租赁租出的固定资产。

（5）融资租赁租入的固定资产。

（6）按月计提折旧时，月份内减少或停用的固定资产，当月仍计提折旧。

由于净利润的大小受折旧方法的影响，折旧费用高估，则净利润低估，反之，折旧费用低估，则净利润高估。就固定资产更新决策而言，折旧额尽管不是现金流量，但是由于它会造成对净利润的影响，而间接产生抵税效果。因此，在进行固定资产投资风险时，选择合适的折旧方法是决策需要考虑的重要因素之一。下面讨论计算折旧额的几种方法和 Excel 提供的折旧函数。

6.2.1 直线折旧法

1. 基本概念

直线折旧法是按固定资产预计使用年限进行平均分摊计算年折旧率的一种较简单的方法，目前使用最普遍。

年折旧额＝（固定资产的原始价值 – 估计净残值）/ 估计使用年限

其中：估计净残值＝固定资产报废时估计的残余价值 – 估计的报废清理费用

年折旧率＝（固定资产的年折旧额 / 固定资产的原始价值）×100%

2. 直线折旧法函数 SLN（ ）

功能：返回一项资产每期的直线折旧费。

语法：SLN（cost,salvage,life）

cost：为资产原值。

salvage：为资产在折旧期末的价值（也称为资产残值）。

life：为折旧期限（有时也称作资产的生命周期）。

3. 示例

假设购买了一辆价值 $30000 的卡车，其折旧年限为 10 年，残值为 $7500，则每年的折旧额为：

SLN（30000,7500,10）=$2250

6.2.2 余额递减法

1. 基本概念

余额递减法是一种加速折旧法，即在预计使用年限内，将后期折旧的一部分挪于前期，使前期折旧额大于后期折旧额。

年折旧额 = 固定资产年初的账面折余价值 × 固定的年折旧率

其中：

固定资产年初的账面折余价值 = 年初固定资产净值 = 固定资产原值 – 累计折旧额

年折旧率 =1–［（估计的净残值 / 固定资产原值）×（1/ 折旧期限）］

用符号表示为：rate=1–［（salvage/cost）×（1/life）］

2. 余额递减法函数 DB（ ）

功能：使用固定余额递减法，计算一笔资产在给定期间内的折旧值。

语法：DB（cost,salvage,life,period,month）

cost：为资产原值。

salvage：为资产在折旧期末的价值（也称为资产残值）。

life：为折旧期限（有时也可称作资产的生命周期）。

period：为需要计算折旧值的期间。period 必须使用与 life 相同的单位。

month：为第一年的月份数，如省略，则假设为 12。

第一个周期和最后一个周期的折旧属于特例。对于第一个周期，函数 DB（ ）的计算公式为：

$cost \times rate \times month/12$

对于最后一个周期，函数 DB（ ）的计算公式为：

［（cost– 前期折旧总值）× rate ×（12–month）］/12

3. 示例

假定某工厂购买了一台新机器。价值为 $1,000,000，使用期限为 6 年。残值为 $100,000。下面的例子给出机器在使用期限内的历年折旧值，结果保留整数。

DB（1000000,100000,6,1,7）=$186,083

DB（1000000,100000,6,2,7）=$259,639

DB（1000000,100000,6,3,7）=$176,814

DB（1000000,100000,6,4,7）=$120,411

DB（1000000,100000,6,5,7）=$82,000

DB（1000000,100000,6,6,7）=$55,842

DB（1000000,100000,6,7,7）=$15,845

6.2.3　双倍余额递减法

1. 基本概念

双倍余额递减法也是一种加速折旧法，即为双倍直线折旧率的余额递减法。

年折旧额＝（固定资产原值－累计折旧额）×（余额递减速率/预计使用年限）

如果不想使用双倍余额递减法，可更改余额递减速率。

如果当折旧大于余额递减计算，希望转换到直线余额递减法，则使用 VDB（）函数。

2. 双倍余额递减法函数 DDB（）

功能：使用双倍余额递减法，计算一笔资产在给定期间内的折旧值。

语法：DDB（cost,salvage,life,period,factor）

cost：为资产原值。

salvage：为资产在折旧期末的价值（也称为资产残值）。

life：为折旧期限（有时也可称作资产的生命周期）。

period：为需要计算折旧值的期间。

period 必须使用与 life 相同的单位。

factor：为余额递减速率。如果 factor 被省略，则假设为 2（双倍余额递减法）。

这 5 个参数都必须为正数。

3. 示例

假定某工厂购买了一台新机器。价值为 $2,400，使用期限为 10 年，残值为 $300。下面的例子给出几个期间内的折旧值。结果保留两位小数。

DDB（2400,300,3650,1）=$1.32，即第一天的折旧值。Excel 自动设定 factor 为 2。

DDB（2400,300,120,1,2）=$40.00，即第一个月的折旧值。

DDB（2400,300,10,1,2）=$480.00，即第一年的折旧值。

DDB（2400,300,10,2,1.5）=$306.00，即第二年的折旧值。这里没有使用双倍余额递减法，factor 为 1.5。

DDB（2400,300,10,10）=$22.12，即第十年的折旧值。Excel 自动设定 factor 为 2。

6.2.4　可变余额递减法

1. 基本概念

可变余额递减法是指以不同倍率的余额递减法计算一个时期内折旧额的方法。双倍余额递减法是可变余额递减法的特例，其倍率为 2。

2. 可变余额递减法函数 VDB（）

功能：使用双倍递减余额法或其他指定的方法，返回指定期间内或某一时间段内的资产折旧额。

语法：VDB（cost,salvage,life,start_period,

end_period,factor,no_switch）

cost：为资产原值。

salvage：为资产在折旧期末的价值（也称为资产残值）。

life：为折旧期限（有时也称作资产的生命周期）。

start_period：为进行折旧计算的起始期次，start_period 必须与 life 的单位相同。

end_period：为进行折旧计算的截止期次，end_period 必须与 life 的单位相同。

factor：为余额递减折旧因子，如果省略参数 factor，则函数假设 factor 为 2（双倍余额递减法）。如果不想使用双倍余额法，可改变参数 factor 的值。

no_switch：为一逻辑值，指定当折旧值大于余额递减计算值时，是否转到直线折旧法。

如果 no_switch 为 TRUE，即使折旧值大于余额递减计算值，Excel 也不转换到直线折旧法。

如果 no_switch 为 FALSE 或省略，且折旧值大于余额递减计算值，Excel 将转换到直线折旧法。

除 no_switch 外的所有参数必须为正数。

说明：VDB（）函数类似于 DDB（）函数，均采用一倍率（factor）余额递减法来进行折旧，但 VDB（）函数可计算某一期间的折旧率，而 DDB（）函数只能计算某一期。

3. 示例

假设某工厂购买了一台新机器，该机器成本为 \$2400，使用寿命为 10 年。机器的残值为 \$300。下面的示例将显示若干时期内的折旧值。结果舍入到两位小数。

VDB（2400,300,3650,0,1）= \$1.32，为第一天的折旧值。Excel 自动假设 factor 为 2。

VDB（2400,300,120,0,1）= \$40.00，为第一个月的折旧值。

VDB（2400,300,10,0,1）= \$480.00，为第一年的折旧值。

VDB（2400,300,120,6,18）= \$396.31，为第 6 到第 18 个月的折旧值。

VDB（2400,300,120,6,18,1.5）= \$311.81，为第 6 到第 18 个月的折旧值，设折旧因子为 1.5，代替双倍余额递减法。

现在进一步假定价值 \$2400 的机器购买于某一财政年度的第一个季度的中期，并假设税法限定递减余额按 150% 折旧，则下面公式可以得出购置资产后的第一个财政年度的折旧值：

VDB（2400,300,10,0,0.875,1.5）= \$315.00

6.2.5 年限总和折旧法

1. 基本概念

年限总和折旧法也是一种加速折旧法，它以固定资产的原始价值减去估计净残值后的余额乘以一个逐年递减的分数，作为该期的折旧额。

年折旧额 =（固定资产原值 − 估计净残值）×（尚可使用年数 / 年次数字的总和）

其中：年次数字的总和 =life+(life−1)+(life−2)+ … + 1= [life × (life+1)] /2

其中，life 表示使用年限。

用公式表示为：

$$SYD= [(cost−salvage) × (life−per+1) × 2) / (life × (life+1)]$$

2. 年限总和折旧法函数 SYD（）

功能：返回某项资产按年限总和折旧法计算的某期的折旧值。

语法：SYD（cost,salvage,life,per）

cost：为资产原值。

salvage：为资产在折旧期末的价值（也称为资产残值）。

life：为折旧期限（有时也称作资产的生命周期）。

per：为期间，其单位与 life 相同。

3. 示例

假设购买一辆卡车，价值 \$30,000，使用期限为 10 年，残值为 \$7,500，第一年的折旧值为：

SYD（30000,7500,10,1）= \$4,090.91

第 5 年的折旧值为：

SYD（30000,7500,10,5）= \$2454.55

第 10 年的折旧值为：

SYD（30000,7500,10,10）= \$409.09

6.3　本章思路

本章主要是建立一个固定资产卡片，按照固定资产的项目开设，用以进行固定资产明细核算的账簿，是固定资产管理中的基础数据。一般来说，在固定资产卡片中填列的固定资产的信息主要包括固定资产编号、固定资产名称、增加方式、原值、累计折旧和折旧方法等。通过这些项目可以方便地对固定资产相关数据进行查询和进一步处理。

一个企业的固定资产往往很多，日常的核算和管理非常烦琐，特别是折旧的核算工作量很大。利用 Excel 进行固定资产的核算和管理，可以避免财会人员因烦琐的手工劳动而出现错误，也减轻了财会人员的负担。

本章的工作思路是创建一个固定资产管理系统，建立固定资产卡片，对固定资产进行管理，选择恰当的折旧方法对各项固定资产计提折旧，最后对折旧费用进行分析，如图 6-1 所示。

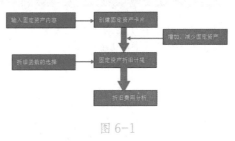

图 6-1

6.4　背景资料

【资料 1】某企业为生产型中小企业，现欲构建一个企业的固定资产管理系统，该企业的固定资产信息表如表 6-1 所示。

表 6-1　企业固定资产信息表

固定资产名称	规格型号	使用部门	使用状态	增加方式	减少方式	购置时间	购置成本	预计使用年限	预计净残值率	折旧方法
办公楼	20 万平方米	管理部门	在用	自建	出售	2006-5-22	5000000	50	25%	直线法
厂房	80 万平方米	生产部门	在用	自建	出售	2005-3-11	16000000	50	25%	直线法
仓库	60 平方米	销售部门	在用	自建	出售	2005-5-12	3000000	50	25%	直线法
卡车	20 吨	销售部门	在用	购入	出售	2004-6-23	350000	8	5%	直线法
计算机	Dell	管理部门	在用	购入	报废	2006-8-16	12000	4	1%	直线法
计算机	Dell	管理部门	在用	购入	报废	2006-8-16	15000	4	1%	直线法
传真机	惠普	管理部门	在用	购入	调拨	2005-3-11	6000	5	1%	直线法
复印机	佳能	管理部门	在用	购入	调拨	2005-3-11	30000	5	2%	直线法
打印机	佳能	管理部门	在用	购入	报废	2005-3-11	4000	5	2%	直线法
挖土机	KL-01	生产部门	在用	购入	报废	2004-12-1	200000	10	5%	直线法
推土机	T1-02	生产部门	在用	购入	出售	2001-12-1	250000	10	5%	直线法

【资料2】该企业财务部门在 2020 年 12 月 2 日又购入了一台新的打印机，型号为 JK-01，在用，预计使用年限为 10 年，原值￥3000，净残值率为 0.5%，使用平均年限法（即直线法）计提折旧。

【资料3】该企业的管理部门的打印机调拨到销售部门。

【资料4】该企业固定资产编号为 7 的传真机报废。

工作准备：首先建立一个名为"企业固定资产管理 .xls"的工作簿。下面介绍固定资产卡片的设计方法和步骤。

6.5 固定资产卡片的建立

固定资产卡片是指按照固定资产的项目开设，用以进行固定资产明细核算的账簿，是固定资产管理中的基础数据。

建立固定资产卡片的任务是在 Excel 环境中，将一张固定资产卡片的内容输入进去，充分利用 Excel 强大的公式管理功能进行公式输入，由计算机自动计算，自动填列数据，这样可以大大减少人工工作量。而利用 Excel 所建立的固定资产卡片格式可以不同，但是方法基本类似，现介绍如何设置固定资产卡片格式。

操作方法：

（1）建立名为"固定资产卡片"的工作表。

（2）在第二行：A2 单元格输入"卡片编号"，B2 单元格输入"固定资产编号"，然后自 C2 到 O2 单元格，根据表 6-1 中固定资产卡片内容填充其他单元格的内容，如图 6-2 所示。

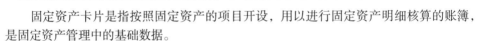

图 6-2

（3）单击 F3 单元格，选择菜单栏中的【数据】菜单选项卡，在【数据工具】段落中单击【数据验证】命令按钮，如图 6-3 所示。

图 6-3

（4）打开【数据验证】对话框后，在【允许】下拉列表框中选择【序列】，并在【来源】文本框中输入"在用""季节性停用""停用"等内容，如图 6-4 所示。

注意：在"来源"录入时各内容之间的逗号必须是在英文半角状态下录入。

（5）单击【确定】按钮，则在 F3 单元格中出现一个下拉按钮，如图 6-5 所示。

（6）使用自动填充功能，将该设置自动填充到该列其他单元格中，也就是 F4~F14 单元格中。

（7）单击 G3 单元格，打开【数据验证】对话框，在【允许】选项中仍然选择序列，在【来源】中输入"自建""购入""调拨""捐赠"，其他设置都和 F3 单元格相同。然后单击【确定】按钮关闭对话框，如图 6-6 所示。

图 6-4

图 6-5

图 6-6

设置完毕后，利用自动填充功能，将其复制到该列的其他单元格中，也就是 G4~G14 单元格中。

（8）单击 H3 单元格，用同样方法设置【减少方式】的数据有效性，来源中输入"出售""报废""调拨""投资"。

（9）单击 E3 单元格，用同样方法设置【使用部门】的数据有效性，来源中输入"管理部门""生产部门""销售部门""财务部门"。

（10）单击 O3 单元格，用同样方法设置【折旧方法】的数据有效性，来源中输入"直线法""双倍余额递减法""年数总和法""工作量法"。

（11）根据资料 1 的内容，往单元格中输入相应信息，设置适合的单元格格式。如标题、货币、日期等列的格式，如图 6-7 所示。

（12）单击 M3 单元格，在公式编辑栏中输入公式：=K3×L3（净残值 = 原值 × 净残值率），输入完成后按回车键，M3 单元格中会自动计算出当前固定资产的净残值。利用自动填充功能完成所有固定资产的净残值计算，如图 6-8 所示。

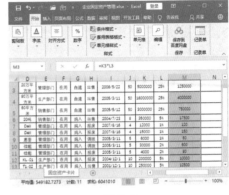

图 6-7

图 6-8

6.6 固定资产的增加

固定资产的增加是根据需要将购入或以其他方式增加的固定资产添加到固定资产卡片中增加的固定资产信息，见【资料2】。

操作方法：

（1）单击 A14 单元格，然后单击菜单栏中的【数据】菜单选项卡，在【记录单】段落中单击【记录单】命令，打开【固定资产卡片】对话框，如图 6-9 所示。【记录单】命令的添加方法参见 6.2.8 节的内容。

（2）单击【新建】按钮，显示空白的记录单。录入资料 2 固定资产增加的信息。输入完毕后单击【关闭】按钮关闭对话框，如图 6-10 所示。

图 6-9　　　　　　　图 6-10

6.7 固定资产的调拨

固定资产调拨是将固定资产从一个部门调拨到另一个部门。固定资产的调拨信息见资料3。

操作方法：

（1）单击菜单栏中的【数据】菜单选项卡，在【排序和筛选】段落中单击【筛选】命令，使工作表处于筛选状态。此时表头位置全部会产生一个下拉按钮，如图 6-11 所示。

图 6-11

（2）单击【卡片编号】右侧的下拉

按钮，在弹出的窗口中选择需要调拨的固定资产编号 09，此时显示出筛选的结果，如图 6-12 所示。

图 6-12

（3）单击 H11 单元格，再单击其右侧的下拉按钮，在弹出的下拉列表中选择调拨，如图 6-13 所示。

（4）单击 G11 单元格，再单击其右侧的下拉按钮，将增加方式改为调拨，将部门名称改为销售部门，如图 6-14 所示。

图 6-13

图 6-14

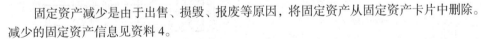

（5）单击菜单栏中的【数据】菜单选项卡，在【排序和筛选】段落中单击【筛选】命令，取消筛选状态，让工作表恢复到正常状态。

6.8 固定资产的减少

固定资产减少是由于出售、损毁、报废等原因，将固定资产从固定资产卡片中删除。减少的固定资产信息见资料4。

操作方法：

（1）按照前面的方法，使固定资产处于筛选状态。

（2）单击A2单元格右侧的下拉按钮，在打开的窗口中选择要报废的固定资产编号07，然后单击【确定】按钮，如图6-15所示。

（3）选中H9单元格，单击右侧的下拉按钮，选择固定资产减少方式为报废，如图6-16所示，完成固定资产减少操作。

图6-15

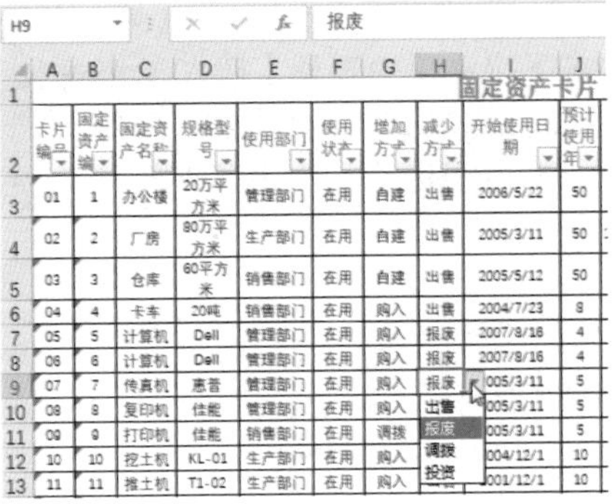

图6-16

6.9 建立固定资产折旧计算表

固定资产折旧是企业的固定资产在使用过程中，通过损耗而逐渐转移到产品成本或商品流通费的那部分价值。为了保证企业将来有能力重置固定资产，把固定资产的成本分配到各个收益期，实现期间收入与费用的正确配比，企业必须在固定资产的有效使用年限内，计提一定数额的折旧费。

企业一般应该按月提取折旧，当月增加的固定资产，当月不计提折旧，但当月减少的固定资产，当月还要计提折旧。

在计提固定资产折旧时，首先应考虑折旧计提方法，不同的折旧方法对应的各期折旧值也各不相同。固定资产的折旧方法主要有：

· 平均年限法。

· 双倍余额递减法。

· 年数总和法等。

本节为读者讲解如何使用平均年限法计提折旧。

平均年限法又称为直线法，它是根据固定资产的原值、预计净残值以及预计清理费用，然后按照预计使用年限平均计算折旧的一种方法。计算公式如下：

年折旧额 =（固定资产 – 净残值）/ 使用年限

年折旧率 =（1– 预计净残值率）/ 预计使用年限 ×100%

月折旧率 = 年折旧率 /12

月折旧额 = 固定资产原值 × 月折旧率

按平均年限法计算折旧额可以使用 SLN 函数来计算。SLN 函数返回固定资产在一个期间的线形折旧值。使用 SLN 函数计算出的每个月份或年份的折旧额是相等的。

操作方法：

（1）单击 N2 单元格，单击【开始】菜单选项卡下【单元格】段落中的【插入】命令，在下拉菜单中选择【插入工作表列】命令，在固定资产卡片中插入两列，依次为“已计提月份”“本月折旧额”，如图 6–17 所示。

固定资产卡片

预计使用年	原值	预计净残值率	净残值	已计提月份	本月折旧额	本年折旧额	折旧方法
50	5000000	25%	1250000				直线法
50	16000000	25%	4000000				直线法
50	3000000	25%	750000				直线法
8	350000	5%	17500				直线法
4	12000	1%	120				直线法
4	15000	1%	150				直线法
5	8000	1%	80				直线法
5	30000	2%	600				直线法
5	4000	2%	80				直线法
10	200000	5%	10000				直线法
10	250000	5%	12500				直线法
10	3000	5%	150				直线法

图 6–17

（2）选中 N 列，单击【开始】菜单选项卡下【单元格】段落中的【格式】命令，在下拉菜单中选择【设置单元格格式】命令，打开【设置单元格格式】对话框。

（3）在【数字】选项卡的【分类】中选择【常规】，然后单击【确定】按钮，如图 6–18 所示。

（4）选中 O 列，在【设置单元格格式】对话框的【数字】选项卡中，选择【分类】为【货币】并单击【确定】按钮，如图 6–19 所示。

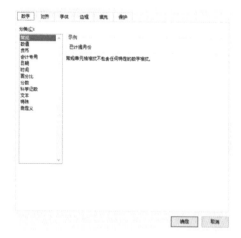

图 6–18

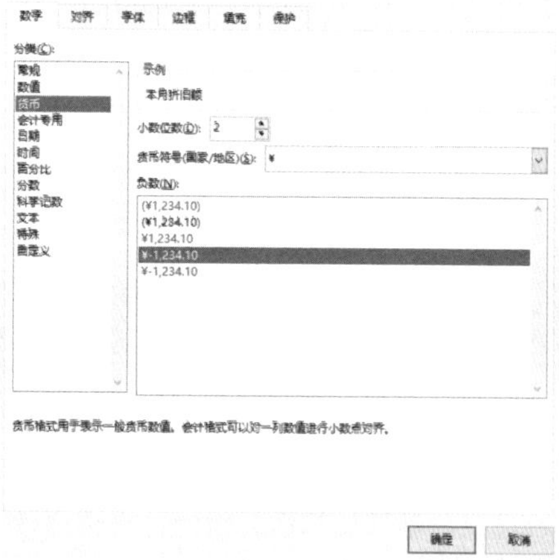

图 6–19

（5）单击 A2 单元格，单击【开始】菜单选项卡下【单元格】段落中的【插入】命令，在下拉菜单中选择【插入工作表行】命令，在第 2 行上方插入新行。单击新行中的 A2 单元格，输入“折旧计提基准日：”，并将其格式设置为与现在的 A3 单元格的格式一样。如图 6–20 所示。

（6）然后选中 A2:C2，单击【开始】菜单选项卡的【对齐方式】段落中的【合并后居中】命令按钮，调整表格到合适的宽度，如图 6–21 所示。

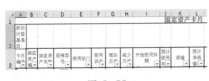

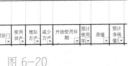

图 6-20

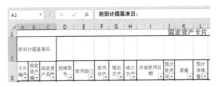

图 6-21

（7）单击 D2 单元格，输入“2020/12/8”，并调整该列列宽使其正常显示日期。单击 J2 单元格，输入“单位：”，在 K2 单元格中输入“XX 公司”，在 O2 单元格中输入“制表：”，在 P2 单元格中输入制表人名称，如小明。

（8）单击 N4 单元格，输入公式：

=INT(DAYS360(I4,$D$2)/30)

按回车键即可计算出第一项固定资产的已计提月份。

（9）使用自动填充功能，计算出其他各项固定资产的已计提月份，结果如图 6–22 所示。

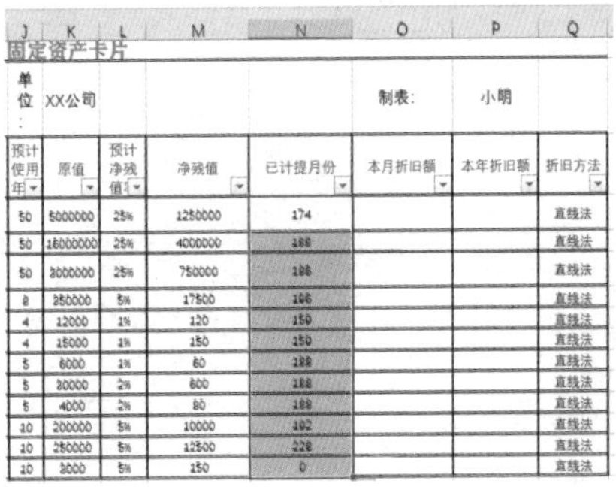

固定资产卡片

单位:	XX公司				制表:	小明	
预计使用年	原值	预计净残值	净残值	已计提月份	本月折旧额	本年折旧额	折旧方法
50	5000000	25%	1250000	174			直线法
50	16000000	25%	4000000	188			直线法
50	3000000	25%	750000	186			直线法
8	350000	5%	17500	196			直线法
4	12000	1%	120	159			直线法
4	15000	1%	150	159			直线法
5	6000	1%	60	188			直线法
5	30000	2%	600	188			直线法
5	4000	2%	80	188			直线法
10	200000	5%	10000	192			直线法
10	250000	5%	12500	228			直线法
10	3000	5%	150	0			直线法

图 6-22

（10）单击 O4 单元格，在公式编辑栏内输入公式：

=IF（F4=“报废”,0,SLN（K4,M4,J4）/12）

按 Enter 键后即可计算出该固定资产本月折旧额。

（11）编号为 1 ～ 5、7、9~12 的固定资产均使用直线法计提折旧，因此可以使用同样的方法计算其他 7 项固定资产的折旧额。直接选中 O4 单元格，单击鼠标右键，在弹出菜单中选择复制，然后在相应的单元格内粘贴公式。结果如图 6–23 所示。

（12）单击 P4 单元格，在公式编辑栏内输入公式：=O4 × 12（本年折旧额 = 每月折旧额 × 12），按回车键后，即可计算出该项固定资产的本年折旧额。

（13）利用自动填充功能将该列其他固定资产的本年折旧额计算出来，结果如图 6–24 所示。

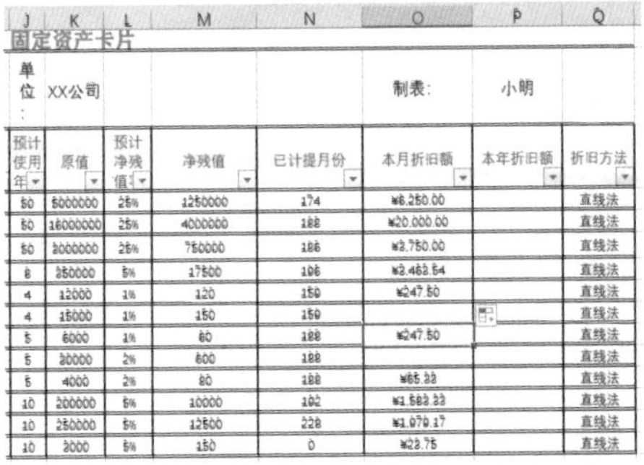

固定资产卡片

单位:	XX公司				制表:	小明	
预计使用年	原值	预计净残值	净残值	已计提月份	本月折旧额	本年折旧额	折旧方法
50	5000000	25%	1250000	174	¥6,250.00		直线法
50	16000000	25%	4000000	188	¥20,000.00		直线法
50	3000000	25%	750000	186	¥3,750.00		直线法
8	350000	5%	17500	196	¥3,463.54		直线法
4	12000	1%	120	159	¥247.50		直线法
4	15000	1%	150	159			直线法
5	6000	1%	60	188	¥247.50		直线法
5	30000	2%	600	188			直线法
5	4000	2%	80	188	¥65.33		直线法
10	200000	5%	10000	192	¥1,583.33		直线法
10	250000	5%	12500	228	¥1,979.17		直线法
10	3000	5%	150	0	¥23.75		直线法

图 6-23

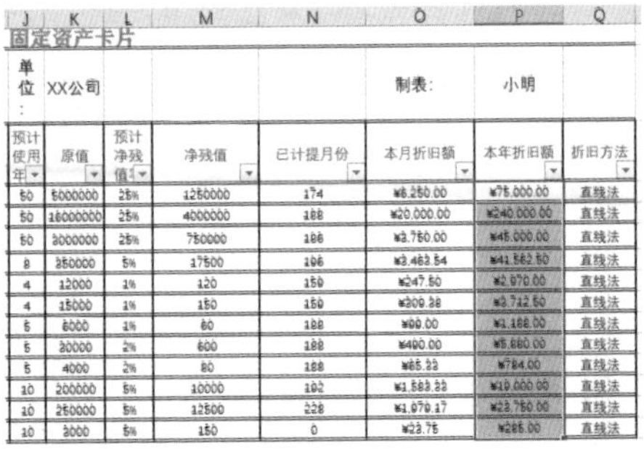

固定资产卡片

单位:	XX公司				制表:	小明	
预计使用年	原值	预计净残值	净残值	已计提月份	本月折旧额	本年折旧额	折旧方法
50	5000000	25%	1250000	174	¥6,250.00	¥75,000.00	直线法
50	16000000	25%	4000000	188	¥20,000.00	¥240,000.00	直线法
50	3000000	25%	750000	186	¥3,750.00	¥45,000.00	直线法
8	350000	5%	17500	196	¥3,463.54	¥41,562.50	直线法
4	12000	1%	120	159	¥247.50	¥2,970.00	直线法
4	15000	1%	150	159	¥309.38	¥3,712.50	直线法
5	6000	1%	60	188	¥99.00	¥1,188.00	直线法
5	30000	2%	600	188	¥490.00	¥5,880.00	直线法
5	4000	2%	80	188	¥65.33	¥784.00	直线法
10	200000	5%	10000	192	¥1,583.33	¥19,000.00	直线法
10	250000	5%	12500	228	¥1,979.17	¥23,750.00	直线法
10	3000	5%	150	0	¥23.75	¥285.00	直线法

图 6-24

第 7 章

企业流动资产管理

流动资产是指可以在一年以内或超过一年的一个营业周期内变现或运用的资产。按实物形态进行分类，流动资产可分为现金及各种存款、短期投资、应收及预付货款、存货等。按在生产经营过程中的作用进行分类，流动资产可分为：生产领域中的流动资产和流通领域中的流动资产。生产领域中的流动资产是指在产品生产过程中发挥作用的流动资产，如存货中的原材料、辅助材料等。流通领域中的流动资产是指在商品流通过程中发挥作用的流动资产。如：商品流通企业中的流动资产及工业企业存货中的产成品、外购商品、现金等。企业应当尽量控制流通性流动资产，以防止产成品积压和应收账的沉淀，导致企业受损。

本章导读

7.1　流动资产管理概述

流动资产占有时间短、周转快、易变现,企业拥有一定的流动资产,可以抵付流动负债,从而在一定程度上降低财务风险,因此流动资产管理是企业财务管理的重要组成部分。

7.1.1　流动资产管理的基本概念

1. 流动资产的特点

与固定资产相比,流动资产具有以下特点:

1)实物的耗费与价值的补偿具有同时性

在企业的生产经营过程中,流动资产的耗费与补偿在一个经营周期内同时完成实物耗费与价值补偿。了解这一特点,有助于认识物资运动与价值运动的关系,因此,在流动资产管理上,既要保证生产、节约开支,又要搞好产品销售和货款回收,做到物资运动与价值运动的同步协调。

2)流动资产占用形态的继起性和并存性

流动资产的周转在经营过程中不断地循环,由于企业的生产经营活动是连续不断地进行的,因此企业的流动资产占用形态在时间上依次继起,相继转化,在空间上又是同时并存的,这种继起性和并存性互为条件。相互制约,决定着流动资产的周转使用情况。了解这一特点,有助于认识和把握流动资产循环和周转的条件,在管理上既要合理配置生产经营过程各个阶段所需要的流动资产,又要注意保持各种形态流动资产的适当比例。

3)流动资产的易变现性和资金来源的多样性

短期投资、应收账款、存货等流动资产一般都具有较强的变现能力,而企业筹集流动资产所需资金的方式有很多,例如:银行短期借款、短期融资券、商业信用、应付款项等。

2. 流动资产管理的基本要求

作为一种投资,流动资产是一个不断投入、不断收回,并不断再投入的循环过程,没有终止的日期。这就使财务管理人员难以直接评价其投资的报酬率。因此,流动资产投资评价的基本方法是以最低的成本满足生产经营周转的需要。流动资产的管理除了要做好日常安全性、完整性的管理外,还需要决定流动资产的总额及其结构以及这些流动资产的筹资方式。在做出这些决定时,需要在风险与收益率之间进行权衡。在其他条件相同的情况下,易变现资产所占的比例越大,现金短缺的风险越小,但收益率将降低。在其他条件相同的情况下,企业各项债务的偿还期越长,没有现金偿债的风险越少,但企业的利润可能减少。为此,企业在流动资产管理中要做好以下几方面的工作。

1)认真分析,正确预测流动资产的需要量

流动资产的需要量是指企业在一定时期内所需要的合理的流动资金占用量。流动资产的需要量的大小受生产经营规模、流动资产的周转速度、物资与劳动消耗水平以及市场状况等因素的影响。在一定条件下,企业生产经营规模与流动资产需要量成正比。

2)合理筹集,及时供应所需的流动资产

企业在筹集和供应流动资产所需的资金时，应该通过分析，选择合理的筹资渠道和方式，计算所需花费的资金成本及其对损益的影响，要求以较小的代价取得更大的筹资效益。

3）做好日常管理工作，尽量控制流动资产的占用数量

4）提高资金使用效益，加速流动资金的周转

由于企业所占用的资金都要付出相应的取得或使用成本，当企业的生产经营规模及其耗费水平一定时，流动资产的周转速度与流动资产占用数量成反比，此时周转速度越快，所占用的流动资产就越少。因此，加速流动资金的周转，可以提高流动资产的使用效益。

7.1.2　流动资产管理模型的内容

本章主要讨论如何建立流动资产管理模型，包括最佳现金持有量决策模型、最优订货批量决策模型和应收账款赊销分析模型。

1. 最佳现金持有量决策模型

对于不同的企业或相同企业的不同时期，利用最佳现金持有量决策模型可以及时、准确地根据持有现金的各项成本、现金总需求量等各个因素的变化，得到相应的最佳现金持有量，做到以最低的成本满足现金周转的需要。

2. 最优订货批量决策模型

最优订货批量决策模型可根据不同方案对不同材料的需求量的多少、订货成本的高低、储存成本、采购成本、每日送货量、耗用量以及单价等因素的不同，运用规划求解工具求得相应的最优订货批量，满足存货管理的需要。

3. 应收账款赊销分析模型

应收账款赊销分析模型运用增量法讨论不同的赊销策略方案可能产生的结果，即测定各种因素的变化同经济效益变化之间的关系，得到信用政策变化（赊销策略变化）所带来的净收益。通过比较不同信用政策下的净收益值，用户可以选择最优方案。

7.2　货币资产管理——成本分析模式模型

货币资产留存在企业中是准备随时用于支付的，如果留存不足，将发生财务风险；留存过多，则使企业发生经济损失。同时，它的流动性最强，容易发生错误。因此，货币资产管理的主要目的是：

（1）保证货币资产的收支平衡，使企业有足够的支付能力，避免由此而发生的财务危机。

（2）保持货币资产的适度存量，提高资金的使用效益。

（3）健全内部控制制度，保证货币资产的安全完整。

要实现货币资产的合理管理，除了在日常经济生活中从内部控制系统入手，抓好日常收支管理，合理安排和占用货币资产外，还应该根据自身的特点确定一个合理的现金余额目标，即确定和控制货币资产的最佳持有量。企业货币资产的持有量，包括现金的库存量和银行存款存量两部分。所谓最佳持有量是指持有这一数额的货币资产，对企业最为有利，能最好地处理各种利害关系。确定最佳持有量的方法最常用的有两种，一是成本分析模式，二是存货管理模式。本节就成本分析模式

进行详细讲解。

成本分析模式是通过分析持有现金的成本，确定其目标量。企业持有货币资产的持有成本主要包括投资成本、管理成本和短缺成本。

1. 投资成本

企业保持一定数额的现金或银行存款，势必会放弃将这些资产用于其他投资所获得的收益，这是持有的代价，这种代价就是它的投资成本。投资成本随持有额的增加而增加。企业为了经营业务，需要拥有一定量的货币资产，付出相应的投资成本代价是必要的，但持有量过多，投资成本代价会大幅度上升，就不经济了。

2. 管理成本

企业持有的货币资产还会发生管理费用，如安全设施的建造、管理人员工资支出等，这些费用就是货币资产的管理费用。管理成本在一定范围内是一种固定费用，与现金持有量之间无明显的变化关系。

3. 短缺成本

短缺成本是指因缺乏必要的货币资产，不能应付业务开支所需，而使企业蒙受的损失或为此所付出的代价。现金的短缺成本随现金持有量的增加而下降。

采用成本分析模式进行最佳现金持有量的计算，就是先分别计算出各种方案的投资成本、管理成本、短缺成本之和，再从中选择总成本最低的，相应的持有量就是最佳持有量。

示例：某企业有4种货币资产的持有方案，它们各自的持有成本如图7-1所示，对应"财务管理1.xls"工作簿。

某企业有四种货币资产的持有方案				
			单位：	元
持有成本分析	方案A	方案B	方案C	方案D
货币资产持有量	30,000	50,000	70,000	90,000
投资成本	3,000	6,000	9,000	12,000
管理成本	4,000	4,000	4,000	4,000
短缺成本	12,000	7,000	2,000	0

图7-1

下面应用成本分析模式建立其最佳现金持有量分析表模型。

操作方法：

（1）打开命名为"财务管理1.xls"的工作簿，在该工作簿中插入一张新的工作表，将表"货币资产持有方案"中的数据复制到新工作表中，并将该表命名为"现金持有量_成本法"，在末尾插入新行，即第8行；标题修改为"最佳现金持有量分析表"，如图7-2所示。

（2）则：

持有总成本＝Σ各持有成本

在B8单元格中输入如下公式：

＝SUM（B5：B7）

结果如图7-3所示。

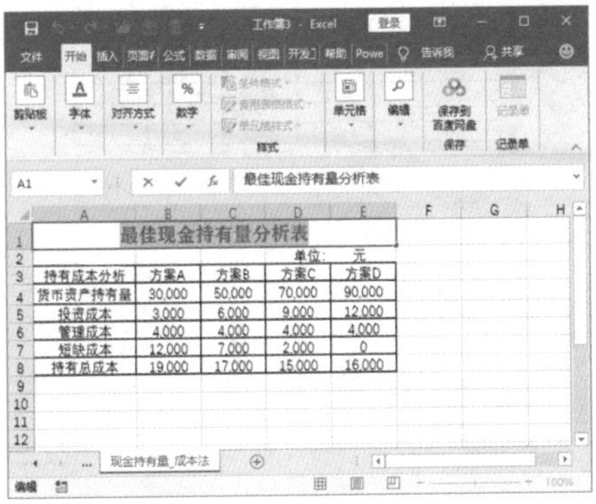

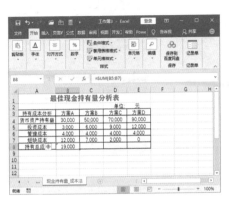

图7-2

图7-3

（3）使用自动填充功能：单击 B8 单元格，将鼠标放置到该单元格右下角，光标显示为十字状态，如图 7-4 所示。

（4）按住鼠标左键，向右拖动至 E8 单元格，这样就为 C8：E8 之间的单元格填充了数据，如图 7-5 所示。这样最佳现金持有量分析表中的值就自动计算出来了。

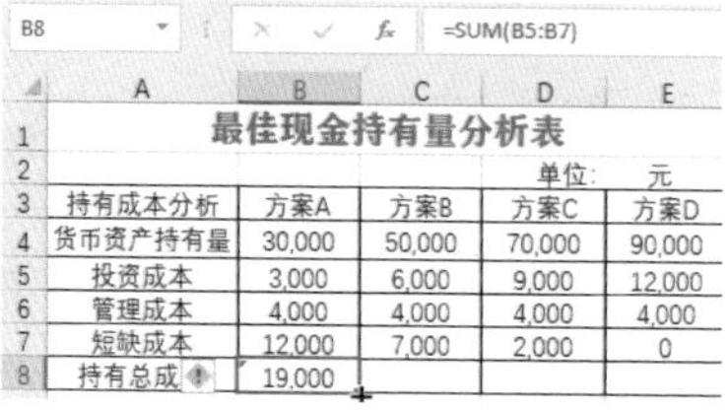

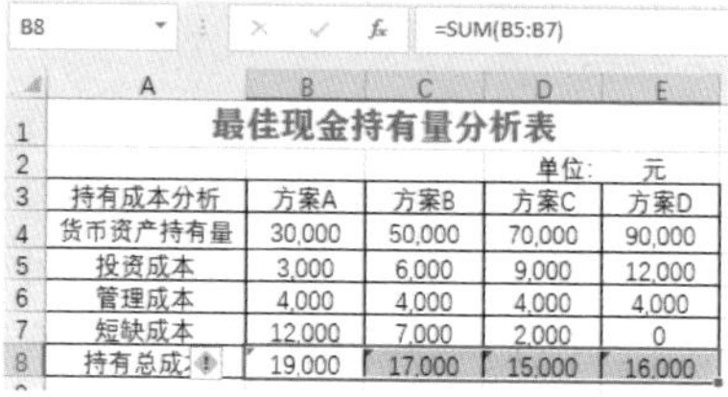

图 7-4

图 7-5

从分析表中，可以看出方案 C 的总成本最低，为 15,000 元，则对应的货币资产持有量 70,000 元为最佳现金持有量。接下来创建分析图。

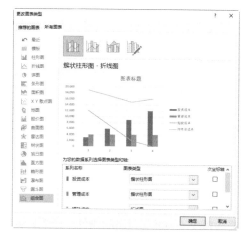

（5）选中"现金持有量_成本法"表中 A5：E8 之间的所有数据，选择【插入】菜单选项卡，然后单击【图表】段落右下角的【功能扩展】按钮⤓，打开【插入图表】对话框。

（6）单击【组合图】选项卡，然后单击选中【簇状柱形图 – 折线图】选项，如图 7-6 所示。最后单击【确定】按钮。

（7）生成了分析图，如图 7-7 所示。

图 7-6

（8）将分析图的标题修改为"现金持有量分析图"，并调整其位置和大小，最后结果如图 7-8 所示。

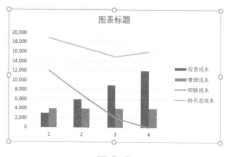

图 7-7

图 7-8

由于最佳现金持有量分析表模型中各单元之间建立了有效的链接，并且分析图与数据之间也建立了动态链接，对于不同的方案，只要改变其基本数据，就可以立即自动得到分析表和相应的分析图，由此得到最佳现金持有量。

最后将工作簿另存为"财务管理2.xlsx"。

7.3 存储决策——最优订货批量决策模型

存货在企业的流动资产中占据很大的比重，而存货又是一种变现能力较差的流动资产项目。进行存储决策，就是要尽力在各种存货成本与存货效益之间做出权衡，达到两者的最佳结合，即确定合理或最优存储批量。存储决策，或经济批量决策，是根据费用决策最优批量的方法来确定的，该方法可用于物资管理中的订货批量，也可用于生产管理中的生产批量。本节利用经济订货批量法来建立最优订货批量决策模型，并应用规划求解工具进行分析求解。

7.3.1 经济订货批量的基本原理

所谓经济订货批量是指企业的生产和供应条件一定时，有关存储成本最低的采购批量。

按存储量与其有关经营费用的相互关系，成本可分为两类：一类是订货成本，主要指与订货次数有关的手续费、差旅费、行政管理费和运输费等。另一类是储存成本，主要包括占用储备物资所支付的利息、仓库设施折旧、维修费、物资存储过程中的合理损耗等。其中，订货成本与订购次数成正比，与每次订购批量无关。因此，为节约订货成本，应减少订购次数，加大订购批量。存储成本则与每次订购批量成正比，而与订购次数无关。因此，为节约存储成本，应减少订购批量，加大订购次数。可见，节约这两种成本的要求互相矛盾。存储决策的目的就是在于谋求这种矛盾的平衡与统一，求出使两种成本合计数量最低的订购批量，即经济订货批量。

设 T 为年成本合计，即年订货成本和年存储成本之和，则：

$$T = 年订货成本 + 年存储成本$$
$$= (Q/2) \times C + (D/Q) \times K$$

其中：

· Q：订货批量，平均储存量相当于订货批量的 1/2。

· C：单位数量存货的年存储成本。

· D：货品的年度采购总量。

· D/Q：订购次数。

· K：每次订购的订货成本。

上述公式是建立在一定的假设条件下的，称为经济订货批量的基本模型。这些假设条件包括：

（1）能够及时补充存货，因此不存在缺货成本。

（2）能集中到货，而不是陆续入库。

（3）存货单价不变，也不考虑现金折扣和数量折扣。

（4）企业现金充足，不影响进货。

在现实生活中，能够同时满足这些假设条件的情况十分难得，为了使模型更接近于实际情况，需要对基本模型进行扩展。

1. 订货提前期

一般情况下，企业的订货因存在运输、结算等原因，不能做到随订随到，所以不能等到存货用完后再去组织订货，而需要提前订货。在此情况下，企业发出订货单时，尚有存货的库存量，称为再订货点。订货提前期不影响经济订货量的确定。

2. 存货的陆续供应与使用

在建立模型时，假定存货是一次全部入库。而事实上，各批存货可能是陆续入库，使存量陆续增加，尤其是像从多个供应商处采购材料以及生产成品入库、在库产品的转移等。在这种情况下，应该对基本模型做些修改。

假设：

P：每日可达到的送货量。

D：每日需用量。

Q：每期订货量

Q/P：送货期，即为达到订货量所需的天数。

Q/P × d：在送货期内的全部耗用量。

由于货品是边送边用，所以每批送完时，最高库存量为：

Q − (Q/P) × d

平均库存量为：$1/2 \times (Q - (Q/P) \times d)$

在上述情况下，与批量有关的存货总成本可表达为：

$$T = 订货成本 + 存储成本$$
$$= (D/Q) \times K + Q/2 \times (1 - d/P) \times C$$

3. 考虑数量折扣

数量折扣是指供应商对于一次购买某货品数量达到或超过规定限度的客户，在价格上给予优待的情况。如果供应商实行数量折扣，那么，除了订货成本和存储成本之外，采购成本也成为决策中的相关因素。这时，这3种成本的合计总成本为最低的方案，才是最优方案。因此，考虑了存货的陆续供应与使用和数量折扣的经济订货批量模型为：

$$T = 订货成本 + 储存成本 + 采购成本$$
$$= (D/Q) \times K + Q/2 \times (1 - d/P) \times$$
$$C + D \times U \times (1 - d_i)$$

其中：

U：采购单价。

d_i：数量折扣。

由此得到：最优订货批量 $Q*$ 为总成本 T 最低时的订货批量

每年最佳订货次数 $N* = D/Q*$

最佳订货周期 $T* = 1$ 年 $/N*$

7.3.2 最优订货批量的模型

示例：某企业有4种货品需要采购，供应商规定了数量折扣，其数量折扣的条件为：材料 A ≥ 800kg，材料 B ≥ 900kg，材料 C ≥ 1000kg，材料 D ≥ 1000kg，。下面根据经济订货批量原理，考虑存货的陆续供应与使用和数量折扣建立最优订货批量的模型。

在"财务管理 2.xlsx"工作簿中，插入一新的工作表，命名为"最优订货批量模型"。

1. 基本数据区域

在基本数据区域，给出了各种货品的要素，包括每年需求量、一次订货成本、单位存储成本、每日送货量、每日耗用量、单价、数量折扣等，如图7-9所示。

图 7-9

2. 基本公式

在最优订货批量模型的规划求解分析区定义存货的订货成本、存储成本、采购成本和总成本公式。

订货成本 = (D/Q) × K

存储成本 = Q/2 × (1 − d/P) × C

采购成本 = D × U × (1 − d_i)

总成本＝订货成本＋存储成本＋采购成本

每年最佳订货次数 $N^* = D/Q^*$

最佳订货周期 $T^* = 1$ 年 $/N^*$

即：

在 B14 单元输入公式：

$=（B4/B19）\times B5$

在 B15 单元输入公式：

$= B19/2 \times（1-B8/B7）$

在 B16 单元输入公式：

$= B4 \times B9 \times（1-B10）$

在 B17 单元输入公式：

$= SUM（B14：B16）$

将 B14：B17 的 4 个公式通过【复制】和【粘贴】命令分别复制到 C14：C17、D14：D17、E14：E17 单元。

4 种货品的综合成本 B18 单元的公式为：

$= SUM（B17：E17）$

同样地，在 B20 单元输入公式

$= B4/B19$

将 B20 的公式通过【复制】和【粘贴】命令分别复制到 C20：E20 单元格中。

在 B21 单元输入公式：

$= 12/B20$

将 B21 的公式通过【复制】和【粘贴】命令分别复制到 C21：E21 单元格中。

注：这里按月计算，所以将一年换算成为 12 个月。

3. 规划求解工具解决问题

运用规划求解工具求最优解时，需要先设置目标单元、可变单元、约束条件等，然后进行求解。

操作方法：

（1）单击【数据】菜单选项卡中的【分析】段落中的【规划求解】命令，打开【规划求解参数】对话框，如图 7-10 所示。

（2）在【设置目标】编辑框中输入综合成本所在的单元【$B$18】。

（3）在【到：】选项中，选择最小值。

（4）在【通过可变单元格】编辑框

中输入 4 种货品的订货批量【$B$19：$E$19】。

图 7-10

（5）选择【添加】按钮，增加约束条件：

材料 A ≥ 800kg，即 $B$19 ≥ 800

材料 B ≥ 900kg，即 $C$19 ≥ 900

材料 C ≥ 1000kg，即 $D$19 ≥ 1000

材料 D ≥ 1000kg，即 $E$19 ≥ 1000

（6）由于该问题属于非线性问题，将【选择求解方法】设置为非线性 GRG，然后单击【求解】按钮。

（7）经过一段时间的自动计算求解，求出每种货品的最优订货批量 Q^*，并自动计算出在最优订货批量 Q^* 下的每年最佳订货次数 N^* 和最佳订货周期 T^*，如图 7-11 所示。

最优订货批量模型				
基本数据区				
货品名称	材料A	材料B	材料C	材料D
每年需求量D(kg)	36,000	40,000	60,000	50,000
一次订货成本K(元)	50	50	50	50
单位存储成本C(元)	4	6	4	5
每日送货量P(kg)	200	400	600	500
每日耗用量d(kg)	40	60	80	50
耗用量折价d(元)	20	40	60	50
耗用量折价d(%)	2%	2%	2%	2%
规划求解分析				
货品名称	材料A	材料B	材料C	材料D
订货成本(元)	320	383	433	450
存储成本(元)	320	383	433	450
采购成本(元)	705600	1568000	3528000	2450000
总成本(元)	706240	1568765	3528867	2450900
综合成本(元)	8254772			
最优订货批量Q(kg)	800	900	1,000	1,000
每年最佳订货次数N(次)	45	44.44444	60	50
最佳订货周期T(月)	0.2666667	0.27	0.2	0.24

图 7-11

由于规划求解模型中各单元之间建立了有效的链接，对于不同的方案，改变其基本数据，运用规划求解方法，设置合适的参数和选项，就可以求出精确的最优订货批量。

7.4 应收账款管理模型

应收账款是指企业因出售商品、物资和提供劳务而获得向购货单位收取货款的权利和因其他经济关系应向有关单位收取的款项，包括应收票据、应收账款、其他应收款、预付货款和待摊费用等。随着商品经济的发展，商业信用的使用越来越多，应收账款成为企业流动资产管理中的一个重要项目。

7.4.1 应收账款管理基本概念

1. 应收账款的作用

应收账款是企业流动资金的一个重要项目，在生产经营过程中起着如下作用：

1）增加销售，增强市场竞争力

企业的利润主要来源于销售，在一定条件下，销售量越大，利润也越大。采用先提供商品或劳务后收款的赊销政策，实际上是企业向客户提供了两项业务，一是商品或劳务；二是在一定的赊销期内向客户提供了资金。因此在商业竞争中，赊销也是扩大销售的手段之一，尤其在企业为了开拓新市场、推销新产品、增强市场竞争力时更具有十分重要的意义。

2）减少存货，加速资金周转

企业持有产品，要仓储，就要增加管理费用，相反，通过比较优惠的赊销条件，把存货转化为应收账款，在一定条件下可减少支出，加速资金周转。

2. 应收账款的成本

1）机会成本

因投放于应收账款而放弃的其他收入叫机会成本。确定该机会成本有 3 个因素：应收账款数额、银行借款或有价证券利息率和持有时间。

2）管理成本

主要包括：①调查客户信用情况的费用；②催收和组织收账的费用；③其他费用。

3）坏账成本

应收账款因故不能收回而发生的损失叫坏账成本。

3. 应收账款的管理目标

针对应收账款这种收益与风险并存的特点，要求企业在应收账信用政策所增加的收益与该政策所增加的成本之间做出比较，只有当应收账所增加的盈利超过其增加的成本时，才应实施赊销。应收账款的管理目标是：在发挥应收账款扩大销售，加强竞争力的同时，努力降低机会成本，减少坏账损失及管理成本，提高应收账款的效益。为此，应该确定合理的信用政策，强化管理。

4. 应收账款信用政策的确定

应收账款信用政策包括信用标准、信用期限和现金折扣三部分。

1）信用标准

信用标准是指顾客获得建立交易信用所应具备的条件。如果顾客达不到信用标准条件，便不能享受企业的信用或只能享受较低的信用优惠。通过对顾客信用标准的评定，反映客户的还债能力，最终以预计的坏账损失率为标准。企业在确定给什么样预期坏账损失率的客户给予信用时，应从收益与成本两个角度予以分析。

2）信用期限

信用期限是指企业允许客户从购货到付款之间的时间，即企业给予客户的付款期限。信用期过短，不足以吸引客户，可能会造成销售额下降，进而使企业盈利能力下降；信用期过长，虽然可以增加销售额，但同时也会增加费用成本和风险，如果增加的成本大于所增加的收入也会造成利润减少。

3）现金折扣

现金折扣政策是给予客户付款时的优惠政策。现金折扣政策主要包括折扣期限与现金折扣。折扣期限是为客户规定的可享受现金折扣的付款时间；现金折扣是在客户提前付款时给予的优惠。例如：2/20，n/30 表示在 20 天内付款，可享受 2% 的价格优惠；如果在 20 天以后付款，最

后付款期限在 30 天内，此时付款无优惠。具体采用什么样的信用政策，也需要从成本和收益两方面予以考虑。

5. 应收账款的日常管理

应收账款的日常管理主要包括以下要点：

1）监督应收账款的收回。可以通过编制账龄分析表，实施对应收账款回收情况的监督。

2）坏账损失的准备。根据现行企业财务制度的规定，企业可以于年度终了，按年末应收账款余额的 3/1000 到 5/1000 计提坏账准备金。

3）组织应收账款的收回。企业采取何种收账政策，会影响与应收账款相联系的收入与成本，因此，在制定收账政策时，应当权衡增加收账费用与减少应收账款的坏账损失之间的得失。

7.4.2 应收账款赊销分析模型

赊销策略中每一种因素的变化都会影响到企业的利益。要讨论不同的赊销策略方案可能产生的结果，首先应该测定各种因素的变化同经济效益变化之间的关系。在制定赊销策略时，将各种相关因素予以一定程度的放宽或收紧，然后考虑企业销售收入和成本的相应变化，这种方法称为增量分析。如果增量分析的结果为正，则方案可行，否则，方案不可行。

增量分析的基本公式为：

1）信用标准变化对利润的影响

δP ＝新方案销售额增减量 × 销售利润率

2）信用期限变化对应收账款机会成本的影响

δI ＝［（新方案平均收账期 – 原方案平均收账期）/360 × 原方案销售额 + 新方案平均收账期 /360 × 新方案增减销售额］× 应收账款机会成本

3）信用标准变化对坏账损失的影响

δK ＝新方案销售额增减量 × 新方案增加销售额的坏账损失率

4）现金折扣变化

δD ＝（原方案销售额 + 新方案增减销售额）× D × 新方案的现金折扣率

其中，D 为新方案取得现金折扣的销售额占总销售额的百分比。

5）赊销策略变化带来的净收益

$P_m = \delta P - \delta I - \delta K - \delta D$

根据以上公式，下面具体讨论应收账款赊销分析模型的建立。

首先在"财务管理 2.xls"工作簿中，插入一新的工作表，命名为"赊销分析模型"。

1. 建立基本数据区域

操作方法：

（1）根据模型分析的要求，在【赊销分析模型】工作表中建立基本数据，如图 7-12 所示。

	A	B	C	D
1	应收账款赊销分析模型			
2		基本数据区域		
3	元方案销售额（元）	200,000		
4	销售利润率	22%		
5	应收账款机会成本	12%		
6	项目	原方案	新方案1	新方案2
7	销售额增减量（元）	0	40,000	60,000
8	平均收账期（天）	30	70	25
9	平均坏账损失率	8%	12%	15%
10	D	0	0	50%
11	现金折扣	0	0	2%

图 7-12

（2）单击 B3 单元格，在名称框中输入原方案销售额后按 Enter 键，将 B3 单元格命名为原方案销售额。采用同样的方法，将 B4 单元定义为销售利润率、B5 单元定义为应收账款机会成本、B8 单元定义为原方案平均收账期。

2. 建立分析区域

操作方法：

在分析区域中定义利润的变化、机会成本的影响、坏账损失的影响、现金折扣变化以及净收益公式。

即：在 C16 单元格输入公式：=C7×销售利润率

在 C17 单元格输入公式：=（C7-原方案平均收账期/360×原方案销售额+C8/360×C7）×应收账款机会成本

在 C18 单元格输入公式：= C7×C9

在 C19 单元格输入公式：=（原方案销售额+C7）×C10×C11

在 C20 单元格输入公式： = C16-C17-C17-C19

将这些公式通过【复制】和【粘贴】命令，复制到 D16：D20 单元格区域及 B16：B20 单元格区域，如图 7-13 所示。

	A	B	C	D
1	应收账款赊销分析模型			
2		基本数据区域		
3	元方案销售额（元）	200,000		
4	销售利润率	22%		
5	应收账款机会成本	12%		
6	项目	原方案	新方案1	新方案2
7	销售额增减量（元）	0	40,000	60,000
8	平均收账期（天）	30	70	25
9	平均坏账损失率	8%	12%	15%
10	D	0	0	50%
11	现金折扣	0	0	2%
12				
13				
14		分析区域		
15	项目	原方案	新方案1	新方案2
16	δP（元）		8800.00	13200.00
17	δI（元）		3600.00	166.67
18	δK（元）		4800.00	9000.00
19	δD（元）		0.00	12.50
20	净收益Pm（元）		400.00	4020.83

图 7-13

当模型建立以后，由于模型中各单元之间建立了有效的链接，对于不同的方案，改变其基本数据，分析区域将自动产生分析结果。比较分析结果，用户便可选择最优方案。本例中，新方案 1 和新方案 2 的净收益 Pm 都大于 0，都是可行方案，比较这两种方案，新方案 2 的净收益较大，可获得的利润多，所以，应采用新方案 2 的信用条件。